VBA エキスパート 公式テキスト

Excel VBA ベーシック

- Microsoft、Windows、Excel は、米国 Microsoft Corporation の米国およびその他の国における登録商標または商標です。
- その他、本文に記載されている会社名、製品名は、すべて関係各社の商標または登録商標、商品名です。
- 本文中では、™マーク、®マークは明記しておりません。
- 本書に掲載されているすべての内容に関する権利は、株式会社オデッセイ コミュニケーションズ、または、当社が使用許諾を得た第三者に帰属します。株式会社オデッセイ コミュニケーションズの承諾を得ずに、本書の一部または全部を無断で複写・転載・複製することを禁止します。
- 株式会社オデッセイ コミュニケーションズは、本書の使用による「VBAエキスパート　Excel VBAベーシック」の合格を保証いたしません。
- 本書に掲載されている情報、または、本書を利用することで発生したトラブルや損失、損害に対して、株式会社オデッセイ コミュニケーションズは一切責任を負いません。

はじめに

本書は、「VBAエキスパート」を開発したオデッセイ コミュニケーションズが発行するVBAの学習書です。

VBAエキスパートは、ExcelやAccessのマクロ・VBAスキルを証明する資格として、2003年4月にスタートしました。ビジネスの現場でよく使われる機能に重点をおき、ユーザー自らがプログラミングするスキルを客観的に証明する資格です。VBAエキスパートの取得に向けた学習を通して、実務に役立つスキルが身に付きます。

本書は、VBAエキスパートの公式テキストとして、「Excel VBAベーシック」の試験範囲を完全にカバーしており、試験の合格を目指す方はもちろん、VBAを体系的に学習したい方にも最適な学習書として制作されています。
学習する上で大切なポイント、学習者が間違えやすいところは具体的な例を挙げながら重点的に解説し、実習を繰り返すことで、確実にVBAをマスターできるように配慮されています。

本書をご活用いただき、VBAの知識とスキルの取得や、VBAエキスパートの受験にお役立てください。

株式会社オデッセイ コミュニケーションズ

Excel VBA Basic
Contents

本書について 008
学習環境について 009
VBAエキスパートの試験概要 011

1 マクロとVBAの概念

1-1 用語と概念 2
 マクロとは何か 2
 VBAとは何か 2
 マクロ記録とは何か 2
 VBEとは何か 3
 VBEの起動と終了 4

1-2 ブックとマクロの関係 5

1-3 マクロとセキュリティ 6
 セキュリティレベル 6

2 マクロ記録

2-1 マクロ記録とは 12
 記録のしかた 13
 記録したマクロを表示する 16

2-2 [マクロの記録] ダイアログボックスの設定項目 17

2-3 個人用マクロブック 19

3 モジュールとプロシージャ

3-1 モジュールとは ... 22
モジュールを挿入する／削除する ... 22

3-2 プロシージャとは ... 28
プロシージャを記述する ... 28
プロシージャを実行する ... 29
別のプロシージャを呼び出す ... 31
コメント ... 34
1行の途中で改行する ... 37

4 VBAの構文

4-1 オブジェクト式 ... 40
オブジェクト式の書き方 ... 40
オブジェクトの階層構造 ... 43
階層構造の特例 ... 44
コレクション ... 45
セルの表し方 ... 47

4-2 ステートメント ... 49

4-3 関数 ... 50

4-4 演算子 ... 52

5 変数と定数

5-1 変数とは ... 56

5-2 変数を宣言する ... 59

5-3	変数に代入する		61
	変数を使用する		62
	変数宣言の重要性		64
5-4	変数の名前		66
5-5	変数の適用範囲		68
	変数の初期値		70
	変数の有効期間		70
5-6	定数とは		73
	独自の定数		74

6 セルの操作

6-1	セルを操作する		78
	RangeとCellsの使い方		78
6-2	Valueプロパティ		80
	Valueプロパティの省略		83
6-3	セルの様子を表すプロパティ		85
	Textプロパティ		85
	Formulaプロパティ		86
6-4	別のセルを表すプロパティ		87
	Offsetプロパティ		87
	Resizeプロパティ		88
	Endプロパティ		89
	CurrentRegionプロパティ		91
6-5	セルを表すその他の単語		92
	ActiveCell		92
	Selection		92

6-6 セルのメソッド … 94
Activate メソッド … 94
Select メソッド … 94
Copy メソッド … 95
ClearContents メソッド … 98
Delete メソッド … 99

6-7 複数セル（セル範囲）の指定 … 100

6-8 行や列の指定 … 102
行を指定する … 102
列を指定する … 103

7 ステートメント

7-1 For...Next ステートメント … 106
指定した回数だけ処理を繰り返す … 106
データの件数が分からないとき … 111
複数のFor...Nextステートメントを使用する … 112

7-2 If ステートメント … 114
条件を指定する … 114
複数の条件を指定する … 116

7-3 With ステートメント … 120

8 関数

8-1 日付や時刻を操作する関数 … 124
Now関数 … 124
Year関数、Month関数、Day関数 … 125

Excel VBA Basic Contents

	Hour関数、Minute関数、Second関数	125
	DateSerial関数	126
8-2	**文字列を操作する関数**	**128**
	Len関数	128
	Left関数、Right関数、Mid関数	129
	LCase関数、UCase関数	131
	LTrim関数、RTrim関数、Trim関数	132
	Replace関数	133
	InStr関数	133
	StrConv関数	135
	Format関数	136
8-3	**数値を操作する関数**	**139**
	Int関数	139
	Round関数	139
	Abs関数	140
8-4	**データの種類を判定する関数**	**141**
	IsNumeric関数	141
	IsDate関数	142
8-5	**文字列の入出力に関する関数**	**144**
	MsgBox関数	144
	InputBox関数	148

9 シートとブックの操作

9-1	**シートの操作**	**152**
	シートを指定する	152
	シートを開く	155
	シートをコピーする／移動する	157
	シートを挿入する	159

	シートを削除する	160
	シートを表示する／非表示にする	161
9-2	**ブックの操作**	**163**
	新規ブックを挿入する	164
	ブックを開く	164
	ブックを保存する	166
	ブックを閉じる	168

10 マクロの実行

10-1	VBE から実行する	172
10-2	Excel から実行する	174
10-3	クイックアクセスツールバー（QAT）から実行する	176
10-4	ボタンや図形から実行する	180

終章 マクロを作るときの考え方

1	マクロで行う２種類の操作	186
2	マクロを構成する３つの要素	188
3	マクロを作るのではなく３要素を作る	190

索引 ... 193

本書について

■ 本書の目的
本書は、基礎から体系的にマクロ・VBAスキルを習得することを目的とした書籍です。実務でよく使われる機能に重点を置いて解説しているため、実践的なスキルが身につきます。VBAエキスパート「Excel VBA ベーシック」試験の出題範囲を完全に網羅した、株式会社オデッセイコミュニケーションズが発行する公式テキストです。

■ 対象読者
Excel の基本的な操作を理解し、ExcelのマクロやVBA について体系的に学習したい方、VBAエキスパート「Excel VBA ベーシック」の合格を目指す方を対象としています。

■ 本書の制作環境
本書は以下の環境を使用して制作しています（2019年4月現在）。

- Windows 10 Professional（64ビット版）
- Microsoft Office Professional Plus 2016

■ 本書の表記について
本文中のマークには、次のような意味があります。

memo	本文に関連する手順や知っておくべき事項を説明しています。
重要	操作を行う上で注意すべき点を説明しています。

■ 学習用データのダウンロード
本書で学習する読者のために、下記の学習用データを提供いたします。

- サンプルブック
- VBAエキスパート「Excel VBA ベーシック」模擬問題（ご利用に必要なシリアルキー）

学習用データは、以下の手順でご利用ください。

1. ユーザー情報登録ページを開き、認証画面にユーザー名とパスワードを入力します。

ユーザー情報登録ページ	https://vbae.odyssey-com.co.jp/book/ex_basic/
ユーザー名	exbasic
パスワード	3Btr5A

2. ユーザー情報登録フォームが表示されますので、お客様情報を入力して登録します。
3. 登録されたメールアドレス宛に、ダウンロードページのURLが記載されたメールが届きます。
4. メールに記載されたURLより、学習用データをダウンロードします。

学習環境について

■ 学習環境
本書で学習するには、ExcelがインストールされたWindowsパソコンをご利用ください。
本書はMicrosoft Office Excel 2016を使用して制作していますが、Excel 2010、Excel 2013がインストールされたWindowsパソコンでも学習していただけます。

■ リボンの構成やダイアログボックスの名称
本書に掲載したExcelの画面は、Windows 10とExcel 2016がインストールされたWindowsパソコンで作成しています。Windows OSやExcelのバージョンが異なると、Excelのリボンの構成やダイアログボックスの名称などが異なることがあります。

■ [開発] タブの表示
マクロやVBAを利用するための [開発] タブは、次の手順で表示します。

❶ Excelを起動します
❷ [ファイル] タブを選択して、左側のメニューから [オプション] をクリックします

❸ [Excelのオプション] ダイアログボックスが表示されたら、左側のメニューから [リボンのユーザー設定] を選択し、[開発] チェックボックスをオンにして [OK] ボタンをクリックします

❹ リボンに [開発] タブが表示されます

■ ファイルの拡張子の表示

ファイルの拡張子を表示させるために、次のように設定します。

❶ 任意のフォルダーを開きます
❷ [表示] タブをクリックし、[ファイル名拡張子] チェックボックスをオンにします

010

VBAエキスパートの試験概要

■ VBAエキスパートとは

「VBAエキスパート」とは、Microsoft OfficeアプリケーションのExcelやAccessに搭載されているマクロ・VBA（Visual Basic for Applications）のスキルを証明する認定資格です。株式会社オデッセイ コミュニケーションズが試験を開発し、実施しています。

VBAは、ユーザー個人がルーティンワークを自動化するような初歩的な使い方から、企業内におけるXML Webサービスのフロントエンド、あるいは業務システムなど、多岐にわたって活用されています。

VBAエキスパートの取得は、"ユーザー自らのプログラミング能力"の客観的な証明となります。資格の取得を通して実務に直結したスキルが身につくため、個人やチームの作業効率の向上、ひいては企業におけるコストの低減も期待でき、資格保有者だけでなく、雇用する企業側にも大きなメリットのある資格です。

■ 試験科目

試験科目	概要
Excel VBAベーシック	Excel VBAの基本文法を理解し、基礎的なマクロの読解・記述能力を診断します。ベーシックレベルで診断するスキルには、変数、セル・シート・ブックの操作、条件分岐、繰返し処理などが含まれます。
Excel VBAスタンダード	プロパティ・メソッドなど、Excel VBAの基本文法を理解して、ベーシックレベルよりも高度なマクロを読解・記述する能力を診断します。スタンダードレベルで診断するスキルには、ベーシックレベルを深めた知識に加え、配列、検索とオートフィルター、並べ替え、テーブル操作、エラー対策などが含まれます。
Access VBAベーシック	データベースの基礎知識、Access VBAの基本文法をはじめ、SQLに関する基礎的な理解力を診断します。ベーシックレベルで診断するスキルには、変数、条件分岐、繰返し処理、オブジェクトの操作、関数などのほか、Visual Basic Editorの利用スキル、デバッグの基礎などが含まれます。
Access VBAスタンダード	データベースの基礎知識、Access VBAの基本文法、SQLなど、ベーシックレベルのスキルに加え、より高度なプログラムを読解・記述する能力を診断します。スタンダードレベルで診断するスキルには、ファイル操作、ADO/DAOによるデータベース操作、オブジェクトの操作、プログラミングのトレース能力、エラー対策などが含まれます。

■ 試験の形態と受験料

試験会場のコンピューター上で解答する、CBT（Computer Based Testing）方式で行われます。

● Excel VBA ベーシック

出題数	40問前後
出題形式	選択問題（選択肢形式、ドロップダウンリスト形式、クリック形式、ドラッグ＆ドロップ形式） 穴埋め記述問題
試験時間	50分
合格基準	650〜800点（1000点満点）以上の正解率 ※ 問題の難易度により変動
受験料	〈一般〉12,000円（税抜） 〈割引〉10,800円（税抜） ※ VBA エキスパート割引受験制度を利用した場合

■ Excel VBA ベーシックの出題範囲と本書の対応表

大分類	小分類	章
1. マクロとVBAの概念	1. マクロとVBA	1章
	2. Visual Basic Editor	
	3. ブックとマクロの関係	
	4. セキュリティレベル	
2. マクロ記録	1. マクロ記録とは	2章
	2. [マクロの記録]ダイアログボックス	
	3. 個人用マクロブック	
	4. マクロ記録の活用方法	
3. モジュールとプロシージャ	1. モジュールとは	3章
	2. プロシージャとは	
	3. コメントとは	
4. VBAの構文	1. オブジェクト式	4章
	2. ステートメント	
	3. 関数	
	4. 演算子	
5. 変数と定数	1. 変数とは	5章
	2. 変数の名前と宣言	
	3. 変数の代入と取得	
	4. 変数の適用範囲	
	5. 定数とは	

大分類	小分類	章
6. セルの操作	1. セルおよびセル範囲を指定する	6章
	2. セルの値と表示形式	
	3. Offset プロパティ	
	4. Resize プロパティ	
	5. Copy メソッド	
	6. 最終セルを特定する	
7. ステートメント	1. If ステートメント	7章
	2. For... Next ステートメント	
	3. With ステートメント	
8. 関数	1. 日付や時刻を操作する関数	8章
	2. 文字列を操作する関数	
	3. 数値を操作する関数	
	4. ダイアログボックスを表示する関数	
	5. その他の関数	
9. ブックとシートの操作	1. ブックを保存する	9章
	2. ブックを開く、閉じる	
	3. 複数ブックを操作する	
	4. シートを挿入する、削除する	
	5. シートをコピーする、移動する	
	6. その他のシート操作	
10. マクロの実行	1. Visual Basic Editor から実行する	10章
	2. [マクロ]ダイアログボックス	
	3. シート上にボタンを配置する	

その他、VBA エキスパートに関する最新情報は、公式サイトを参照してください。
URL：https://vbae.odyssey-com.co.jp/

1

マクロとVBAの概念

マクロとはExcelが持つ機能のひとつです。マクロを活用すると、複雑な処理を自動化したり、大量のデータを一括処理することなどができます。マクロを作成するときに使用するプログラミング言語をVBA（Visual Basic For Applications）と呼びます。

1-1 用語と概念

1-2 ブックとマクロの関係

1-3 マクロとセキュリティ

1-1 用語と概念

マクロとは何か

マクロとはExcelが持つ機能の名称です。Excelにはさまざまな機能が実装されています。**ピボットテーブル、条件付き書式、グラフ**なども機能の名称です。そのひとつが「マクロ」機能です。マクロ機能とは、あらかじめ記述しておいた指示書にしたがって、Excelを自動実行させるという仕組みです。

そのように、マクロはExcelが持つ機能の名称ですが、一般的にはマクロで使用する指示書のことを「マクロ」と呼ぶことが多いです。「マクロを作った」とは、指示書を書いたということです。「このマクロを実行してください」は、この指示書を実行してくださいという意味で使われます。

VBAとは何か

VBA (Visual Basic for Applications) とは、マクロという指示書を記述するときに使用する「プログラミング言語」の名称です。VBAはExcelだけでなく、WordやPowerPoint、AccessやOutlookなどにも組み込まれていて、それぞれのアプリケーションでマクロを記述することができます。

各アプリケーションのVBAは、条件分岐や繰り返し、変数の使い方など共通している部分もありますが、アプリケーションを操作する記述が異なります。ExcelのVBAには、セルやワークシートを操作するための命令などがあり、PowerPointのVBAにはスライドショーやアニメーションを操作するための命令などが用意されています。

マクロ記録とは何か

マクロ記録も、Excelが持つ機能の名称です。マクロ記録は、ユーザーがExcelに対して行った操作を、VBAで記録してくれる機能です。混同されがちですが、「マクロ」と「マクロ記録」はまったく別です。「マクロ」とはVBAを使って記述された指示書のことであり、「マクロ記録」は手動で行った操作がVBAで記録されるという機能です。「マクロ記録」で記録したものが「マクロ」

ではありません。「マクロ」は手で入力するものです。そのときに使うプログラミング言語がVBAです。マクロ記録に関しては、第2章で詳しく解説します。

VBEとは何か

マクロを記述したり、作成したマクロを実行するときなどに使うのが**VBE（Visual Basic Editor）** です。VBEはExcelとは異なるアプリケーションですが、Excelから直接起動することができ、Excelを終了するとVBEも終了されます。Excelを起動せずにVBEだけを起動することはできません。VBEの画面構成は次のとおりです。

● プロジェクトエクスプローラ
現在Excelで開いているブックが一覧で表示されます。プロジェクトとは、ブックのことです。モジュールについては、第3章で解説します。

● プロパティウィンドウ
主に、UserFormを設計するときに使用します。

● コードウィンドウ
マクロを記述する場所です。Windowsの標準アプリ「メモ帳」のように、文字列をコピーしたり貼り付けることができます。コードウィンドウ内で改行すると、記述した1行分のコードに、

文法的な誤りがないかどうかチェックされ、誤りがあった場合はエラーが表示されます。

VBEの起動と終了

ExcelからVBEを起動するには、いくつかの方法があります。

● ショートカットキー

[Alt]キーを押しながら[F11]キーを押します。VBEの画面で、[Alt]＋[F11]キーを押すとExcelの画面に切り替わります。

● リボンのボタン

［開発］タブにある［Visual Basic］ボタンをクリックします。
［開発］タブを表示する方法は、Excelのバージョンによって異なります。Excel 2010以降のバージョンでは、［ファイル］タブの［オプション］を実行し、表示される［Excelのオプション］画面で［リボンのユーザー設定］をクリックします。
画面右にある「メインタブ」で［開発］チェックボックスをオンにして［OK］ボタンをクリックすると、Excelのリボンに［開発］タブが表示されます。
ExcelからVBEを起動した状態は、いわばExcelとWordを両方起動しているようなものです。Excelの画面とVBEの画面を切り替えるときは、タスクバーのボタンで画面を選択したり、[Alt]＋[Tab]キーを押すなどWindowsの操作を行ってください。

VBEを終了するには、ウィンドウ右上の［×］ボタンをクリックするか、VBEの［ファイル］－［終了してMicrosoft Excelに戻る］を実行します。

1-2 ブックとマクロの関係

セル内に入力したデータや、ワークシート上で作成したグラフなどはブックとして保存されます。作成したマクロも同様に、ブック内に保存されます。マクロだけを独立して保存することはできません。

マクロが含まれているブックを保存するときは、［名前をつけて保存］ダイアログボックスの［ファイルの種類］で［Excel マクロ有効ブック(*.xlsm)］を選択します。［Excel ブック(*.xlsx)］を選択すると、作成したマクロの内容は保存されず、ワークシート上のデータだけが保存されます。

1-3 マクロとセキュリティ

Excelには、マクロの実行を許可するかどうかを決める**セキュリティレベル**という設定があります。マクロを記述するVBAは、非常に高度なプログラミング言語なので、悪意を持った者であれば、ハードディスク内の重要なファイルを削除したり、勝手にインターネットへ接続して情報を漏洩させることも可能です。そうした危険からユーザーを守るために、マクロを無効にできる仕組みがセキュリティレベルです。

セキュリティレベル

セキュリティレベルの設定や確認は「セキュリティセンター」から行います。セキュリティセンターの画面を表示する方法は、Excelのバージョンによって異なります。Excel 2010以降のバージョンでは、［ファイル］タブの［オプション］を実行し、表示される［Excelのオプション］ダイアログボックスで［セキュリティセンター］をクリックします。画面右にある［セキュリティセンターの設定］ボタンをクリックすると、セキュリティセンターの画面が表示されます。

[セキュリティセンター] ダイアログボックスで [マクロの設定] を開くと、マクロの実行に関して次のオプションを選択できます。

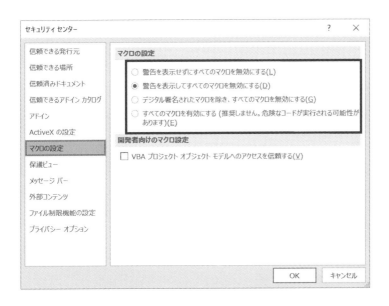

① 警告を表示せずにすべてのマクロを無効にする
② 警告を表示してすべてのマクロを無効にする
③ デジタル署名されたマクロを除き、すべてのマクロを無効にする
④ すべてのマクロを有効にする

標準では、
　② 警告を表示してすべてのマクロを無効にする
が設定されています。

> **memo**
> デジタル署名は、ブック内にマクロ作成者の情報などを電子的に保存する仕組みです。開発企業などが作成する有料のマクロなどで使用されることがあります。

標準の
　② 警告を表示してすべてのマクロを無効にする
が設定されている場合、マクロを含むブックを開くと、数式バーの上に警告（メッセージバー）が表示されます。このメッセージバーに表示される［コンテンツの有効化］ボタンをクリックすると、マクロが有効になります。

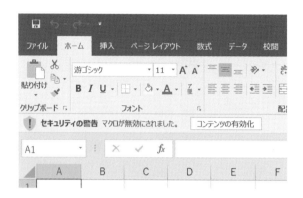

一度［コンテンツの有効化］ボタンをクリックして、マクロを有効にして開いたブックは、二度目からは警告のメッセージバーが表示されず、いきなりマクロ有効の状態でブックが開かれます。これは、［コンテンツの有効化］ボタンをクリックして信頼したブックの情報を、パソコン内に記録しているからです。そうして信頼したブックの情報をクリアするには、［セキュリティセンター］ダイアログボックスで［信頼済みドキュメント］を開き、［クリア］ボタンをクリックします。実行すると、それまで、そのパソコン内に記録されていた、信頼したブックの情報すべてがクリアされます。

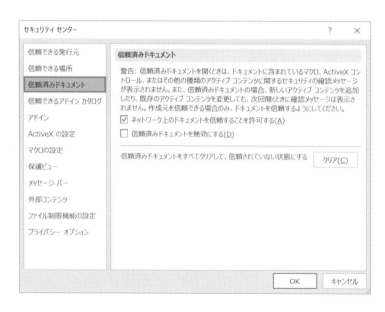

また、VBEを起動した状態で、マクロを含むブックを開いたときは、［Microsoft Office Excelのセキュリティに関する通知］ダイアログボックスが表示され、［マクロを有効にする］ボタンをクリックすることで、ブック内のマクロが有効になります。

［Microsoft Office Excelのセキュリティに関する通知］ダイアログボックスの［マクロを有効にする］ボタンをクリックしても、そのブックを信頼したことにはなりません。二度目に開いたときも、警告のメッセージバーが表示されます。メッセージバーの［コンテンツの有効化］ボタンをクリックしたときだけ、そのブックが信頼され、次からこのダイアログボックスやメッセージバーが表示されなくなります。

2 マクロ記録

マクロ記録とは、ユーザーが Excel に対して行った操作を、VBA のコードとして記録する機能です。マクロ記録では、不要なコードが記録されたり、再現性のないコードが記録されることもあります。マクロ記録は、マクロを作るための機能ではなく、分からないところを調べるための機能です。

2-1 マクロ記録とは
2-2 ［マクロの記録］ダイアログボックスの設定項目
2-3 個人用マクロブック

2-1 マクロ記録とは

マクロ記録とは、ユーザーがExcelに対して行った操作を、VBAのコードとして記録してくれる機能です。マクロ記録は、あくまでユーザーが「今、こうやった」という結果を記録するに過ぎません。実務で使用するレベルのマクロを作る機能ではありません。ユーザーの操作は、コンピューターから見れば無駄だらけです。たとえば、ワークシートの1行目を削除するという操作をマクロ記録すると、次のようなコードが記録されます。

```
Sub Macro1()
    Rows("1:1").Select
    Selection.Delete Shift:=xlUp
End Sub
```

このコードは、次の2ステップで構成されています。

① 1行目を選択する
② 選択したところを削除する

確かに、手動で行を削除するときは、そのように操作します。しかしVBAでは、操作の対象に対して、直接命令を記述するのが基本です。マクロでは一般的に、操作の対象を選択しなくてよいのです。1行目を削除するマクロは、次のように書きます。

```
Sub Macro2()
    Rows("1:1").Delete Shift:=xlUp
End Sub
```

マクロ記録は、人間の操作が記録されるだけです。そして、人間の操作というのは、コンピューターにとっては無駄が多いです。マクロ記録でマクロを"作る"という発想はしないでください。

では、マクロ記録はどのように使うものなのでしょう。たとえば上記の「1行目を削除する」マクロを作るとき、それを迷わずに書ければいいです。しかし、最初のうちは、どう書いたらいいのか分からないこともあるでしょう。1行目というのを、どう表せばいいのか。削除するときの命令はどんな単語なのか。そうした、分からないところを"調べる"機能がマクロ記録です。実

際の操作をマクロ記録すると、1行目は「Rows("1:1")」と記述するのだと分かります。削除する命令は「Delete」だと判明します。そうして知り得た情報を使って、自分なりのストーリーを作っていきます。それがマクロです。

記録のしかた

実際にマクロ記録をしてみましょう。

❶Excelを起動して［表示］タブを開きます

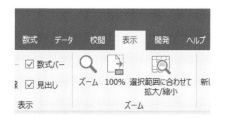

❷右端にある［マクロ］ボタンをクリックします

> **memo**
> ［マクロ］ボタンは、上部（絵が表示されているところ）と、下部（"マクロ"と字が表示されているところ）に分かれています。上部をクリックすると、すでに作成してあるマクロを実行するための［マクロ］ダイアログボックスが表示されます。マクロ記録を開始するには、下部をクリックします。

❸表示されるメニューで［マクロの記録］をクリックします

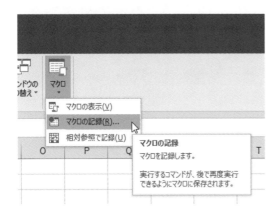

❹実行すると［マクロの記録］ダイアログボックスが表示されます

❺［マクロの保存先］で［作業中のブック］を選択して［OK］ボタンをクリックします

> **memo**
> ［マクロの保存先］は、Excelをインストールした初期状態では［作業中のブック］が選択されていますが、ユーザーが［マクロの保存先］を変更すると、次回から変更した項目が選択された状態になります。

❻アクティブシートのシート見出し（ここでは「Sheet1」）をダブルクリックして、シートの名前を変えます

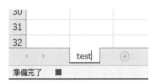

❼マクロ記録を終了します。［表示］タブ右端の［マクロ］ボタンをクリックして［記録終了］を実行します

> **memo**
> マクロ記録の開始と終了は、ステータスバーのボタンで実行することも可能です。
>
>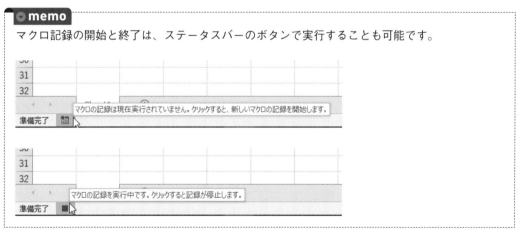

記録したマクロを表示する

マクロを表示するには、VBEを使います。VBEを起動するには、Excelのワークシート画面で Alt + F11 キーを押します。

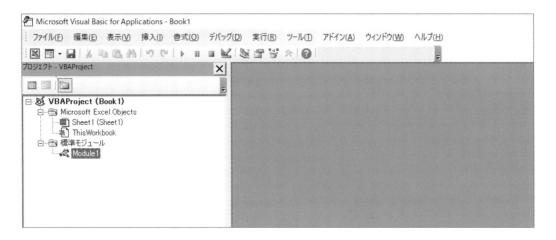

マクロ記録で生成されたコードは、ブック内の**標準モジュール**に記録されます。標準モジュールを開くには、VBEの左上にある「プロジェクトエクスプローラ」で［標準モジュール］をダブルクリックして開き、その下の［Module1］をダブルクリックします。

> **memo**
> マクロ記録を行うと、自動的に新しい標準モジュールが挿入され、その挿入された標準モジュールにコードが記録されます。標準モジュールの名前は便宜的に「Module1」「Module2」…と付けられます。これは、新しいワークシートを挿入したときに「Sheet1」「Sheet2」…とシートの名前が便宜的に付けられるのと同じです。

2-2 ［マクロの記録］ダイアログボックスの設定項目

マクロ記録開始時に表示される［マクロの記録］ダイアログボックスでは、これから記録するマクロに関して、次の設定を行えます。

● マクロ名
記録するマクロの名前を設定します。標準では「Macro1」「Macro2」のような便宜的な名前が設定されています。マクロの名前として指定できる文字には次のルールがあります。

① 名前の先頭は、英文字、ひらがな、カタカナ、漢字でなければならない
② 名前に、空白や「？」「＊」など無効な記号が含まれてはいけない

● ショートカットキー
記録したマクロにショートカットキーを設定します。テキストボックスに「m」のような半角小文字のアルファベットを入力すると、Ctrl ＋ M キーを押すことで記録したマクロを実行できるようになります。「M」のように半角大文字のアルファベットを指定すると、Ctrl ＋ Shift ＋ M キーに割り当てられます。Excelが標準で設定しているショートカットキーと同じキーを指定すると、マクロに設定したショートカットキーが有効になります。

マクロにどんなショートカットキーが設定されているかは、［表示］タブ右端にある［マクロ］ボタンをクリックして **［マクロ］ダイアログボックス** を表示します。調べたいマクロを選択して［オプション］ボタンをクリックすると、設定されているショートカットキーや説明を編集できます。

● **マクロの保存先**
マクロの記録先ブックを設定します。選択できるのは「個人用マクロブック」「新しいブック」「作業中のブック」の３種類です。

● **説明**
記録するマクロに関する説明文を設定します。

2-3 個人用マクロブック

個人用マクロブックは、Excelを起動すると自動的に読み込まれる非表示のブックです。自動的に開かれるため、Excelでどんなブックを開いているかによらず、すべてのブックに対して実行できる汎用的なマクロを書くのに適しています。

個人用マクロブックの実体は「PERSONAL.XLSB」という名前のブックです。以下のフォルダに保存されます。

```
C:\Users\＜ログインユーザー名＞\AppData\Roaming\Microsoft\Excel\XLSTART
```

個人用マクロブックを削除するときは、エクスプローラなどで上記のフォルダを開き、Excelが起動していない状態で「PERSONAL.XLSB」を削除します。

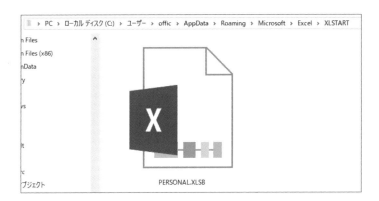

> **◎memo**
> エクスプローラで個人用マクロブックの実体ファイル（PERSONAL.XLSB）を表示するときは、エクスプローラの設定で、[隠しファイル] チェックボックスをオンにして、"隠しファイル"属性のファイルやフォルダが表示されるようにします。
>
>

個人用マクロブックは非表示に設定されています。個人用マクロブックをExcel上で表示するには、[表示] タブの [再表示] を実行して、表示される [ウィンドウの再表示] ダイアログボッ

クスで「PERSONAL.XLSB」を選択して、[OK]ボタンをクリックします。

［表示］タブの［再表示］コマンドは、個人用マクロブックなど非表示に設定されているブックを開いていないと実行できません。
再表示した個人用マクロブックを非表示にするには、個人用マクロブックが表示されている状態で［表示］タブの［表示しない］をクリックします。

3

モジュールと
プロシージャ

マクロの最小実行単位をプロシージャと呼びます。マクロを作るとは、このプロシージャを記述する作業です。プロシージャを記述する場所をモジュールと呼びます。モジュールは、メモ帳で開いたテキストファイルのようなものです。自動実行マクロ（イベントマクロ）など、特別な機能を使わないときは、標準モジュールにプロシージャを記述します。

3-1 モジュールとは
3-2 プロシージャとは

3-1 モジュールとは

モジュールとは、ブック内に保存される「マクロを記述する用紙」のようなものです。マクロはモジュールに記述します。

モジュールには、いくつかの種類があります。オブジェクトモジュールは、シートやブックに紐付いたモジュールで、ユーザーがExcelの操作をしただけで自動的に実行される「自動実行マクロ（イベントマクロ）」を記述します。クラスモジュールは、クラスを定義するときに使います。フォームモジュールは、UserFormを使用するときに使うモジュールです。一般的なマクロは**標準モジュール**に記述します。

> **memo**
> まったく同じコードであっても、コードを記述するモジュールの種類によって、動作が異なったり、エラーになることもあります。そうしたモジュールの違いを正確に理解するまでは、標準モジュールだけを使うようにしましょう。

モジュールを挿入する／削除する

一般的なマクロを記述する標準モジュールは、新規ブックには含まれていません。新規ブックにマクロを作成するときは、まず手動で、標準モジュールを挿入します。標準モジュールを挿入するには、次のようにします。

❶ 新規ブックを開きます

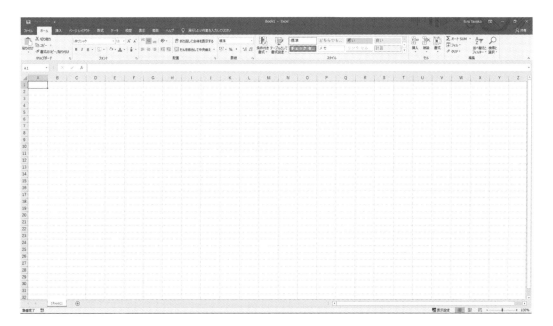

❷ Alt + F11 キーを押してVBEを開きます

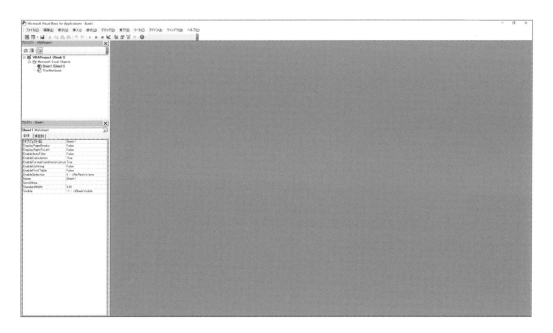

❸VBEの［挿入］-［標準モジュール］をクリックします

実行すると、新しい標準モジュールが挿入されます。挿入した標準モジュールの名称は「Module1」「Module2」などExcelが便宜的に設定します。これは、新しいワークシートを挿入したときに「Sheet1」「Sheet2」のように便宜的な名前が付けられるのと同じです。

標準モジュールの名前は変更可能です。名前を変更するには、次のようにします。

❶プロジェクトエクスプローラで標準モジュールを選択します

❷プロパティウィンドウの［オブジェクト名］を編集します

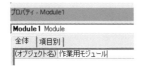

> **memo**
> 標準モジュールの名前には日本語も使えますが、？や / など使用できない文字もあります。
>
>

挿入した標準モジュールを削除するには、次のようにします。

❶プロジェクトエクスプローラで削除したい標準モジュールを右クリックします

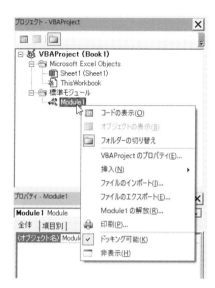

❷表示されるメニューから［Module1の解放］をクリックします

> **memo**
> 右クリックメニュー［○○の解放］の○○には、プロジェクトエクスプローラで選択している標準モジュールの名前が自動的に表示されます。

❸表示されるダイアログボックスで［いいえ］をクリックします

この操作で標準モジュールが削除されます。一度削除した標準モジュールを、元に戻すことはできません。後で元に戻したいときは、ダイアログボックスで［はい］ボタンをクリックして、表示される［ファイルのエクスポート］ダイアログボックスで、任意のフォルダに保存します。

エクスポートした標準モジュールは、後で別のブックにインポートできます。エクスポートした標準モジュールをインポートするには、次のようにします。

❶プロジェクトエクスプローラでインポートしたいブック（VBAProject）を選択します

❷右クリックメニューの［ファイルのインポート］をクリックします

❸表示されるダイアログボックスでインポートするファイルを選択し、［開く］ボタンをクリックします

> **memo**
> 標準モジュールを別のブックにコピーするには、プロジェクトエクスプローラ上で、標準モジュールを別ブックへドラッグ＆ドロップします。実行すると、ドロップ先のブックに標準モジュールがコピーされます。コピー先に同じ名前の標準モジュールが存在する場合は、名前の後ろに数字が付加されます。

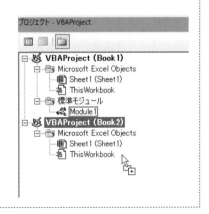

3-2 プロシージャとは

マクロの最小実行単位を**プロシージャ**と呼びます。プロシージャは、モジュールに記述します。一般的な表現として使われる「マクロ」とは、このプロシージャを指します。「マクロを作った」というのは、プロシージャを作成したことであり、「マクロを実行する」というのは、作成したプロシージャを実行するという意味です。
プロシージャには、次の種類があります。

● Sub プロシージャ
一般的なプロシージャです。多くのマクロがSub プロシージャとして作成されます。Sub プロシージャは、値を返すことができません。

● Function プロシージャ
マクロを実行した結果、何らかの値を返すことができるプロシージャです。Function プロシージャは、セルの中に記述して、SUM関数やVLOOKUP関数などワークシート関数と同じように使うことも可能です。Function プロシージャについては、スタンダードで解説します。

● Property プロシージャ
クラスモジュールで使用するプロシージャです。本書では解説しません。

プロシージャを記述する

ここでは、Sub プロシージャを例にして、プロシージャの記述を解説します。プロシージャは「Sub マクロ名()」の行で始まり「End Sub」の行で終わります。モジュール内で「Sub マクロ名」まで入力して Enter キーを押すと、マクロ名の後ろに「()」が自動的に付加され、「End Sub」が自動的に入力されます。この「Sub マクロ名()」と「End Sub」の間にコードを記述します。

> **memo**
> Functionプロシージャを記述するとき「Function マクロ名」まで入力して Enter キーを押すと、自動的に「End Function」が入力されます。

コードは、1行ごとに完結したセンテンスとして記述します。1行分のコードを記述して Enter キーを押すと、記述した1行分のコードに対して、VBEが文法的な誤りがないかどうかのチェックをします。もし文法的な誤りがあるとエラーが表示されます。

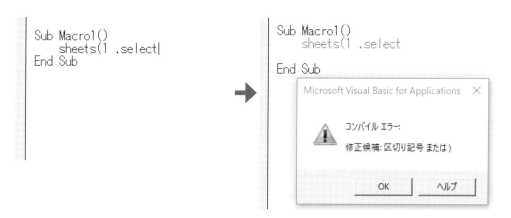

プロシージャを実行する

作成したプロシージャを実行するときは、実行したいプロシージャの中（「Sub マクロ名()」と「End Sub」の間）にカーソルを置き、ツールバーの［Sub/ユーザーフォームの実行］ボタンをクリックするか、［実行］メニューの［Sub/ユーザーフォームの実行］をクリックします。

> **memo**
> ［Sub/ユーザーフォームの実行］は、F5 キーに割り当てられているので、F5 キーを押して実行することもできます。

カーソルが、プロシージャの外にある状態で［Sub/ユーザーフォームの実行］をクリックすると、どのプロシージャを実行するのかを選択する［マクロ］ダイアログボックスが表示されます。［マクロ名］リストで実行したいプロシージャを選択して［実行］ボタンをクリックすることで、選択したプロシージャを実行できます。

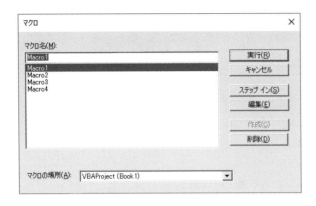

実行したコードの中に何らかの間違いがあった場合、マクロはエラーで停止します。停止したときに表示されるダイアログボックスには2種類あります。
コンパイルエラーのダイアログボックスが表示されたときは、[OK]ボタンをクリックします。
実行時エラーのダイアログボックスでは、[終了]ボタンをクリックすると、マクロが終了します。

コンパイルエラー

実行時エラー

[デバッグ]ボタンをクリックすると、実行できなかった行が黄色く反転します。この状態を**デバッグモード**と呼びます。デバッグモードは、実行したマクロが終了したのではなく、一時停止している状態です。誤りのケースによっては、マクロが終了してしまうと、その原因を調べることができない場合もあります。そんなときは、一時停止状態のデバッグモードで、誤りを調べます。コードの誤りを見つけて修正する作業を**デバッグ**と呼びます。
デバッグモードを終了させるには、ツールバーの[リセット]ボタンをクリックするか、[実行]メニューの[リセット]をクリックします。

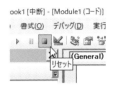

> **memo**
> マクロでExcelに対して行った操作は、[元に戻す] コマンドで取り消すことができません。

別のプロシージャを呼び出す

[Sub/ユーザーフォームの実行] でプロシージャを実行すると、そのプロシージャの「Sub マクロ名()」から始まり「End Sub」で終了します。複数のプロシージャを作成して、あるプロシージャから別のプロシージャを呼び出すときには、**Call ステートメント**を使います。

たとえば「Macro1」「Macro2」という2つのプロシージャがあったとします。

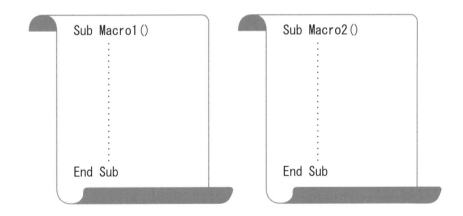

この状態で「Macro1」を実行すると、「Macro1」だけが実行されます。「Macro1」から「Macro2」を呼び出したいときは、コード中の呼び出したい場所に「Call Macro2」と記述します。

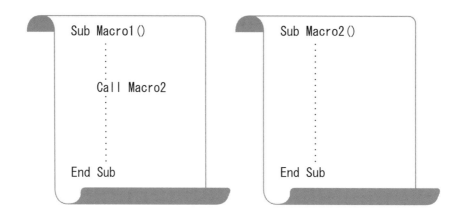

「Macro1」を実行すると、「Macro1」のコードが上から順番に処理されて「Call Macro2」の行で「Macro2」が呼び出されて実行されます。

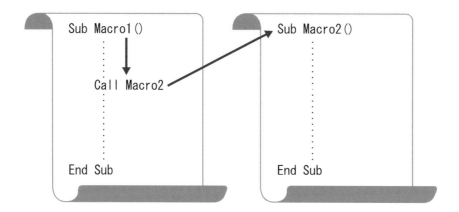

「Macro2」が先頭から処理されて「End Sub」まで終わると、「Macro1」に記述した「Call Macro2」の次行から「Macro1」が処理されます。

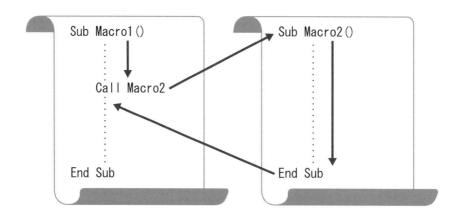

複数のプロシージャ内で、何度も同じ処理を行うようなとき、その処理を独立したプロシージャとして作成し、複数のプロシージャからCallステートメントで呼び出すようにすると、同じコードを何度も記述しないで済むため、マクロの作成効率が高まります。

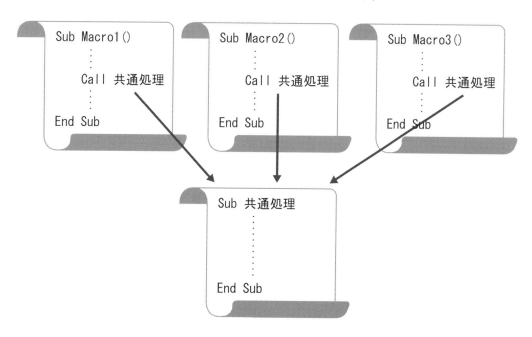

しかし、その反面で、Callステートメントによる別プロシージャの呼び出しを多用すると、マクロ全体の流れが把握しにくくなり、動作の検証などに悪影響を及ぼします。

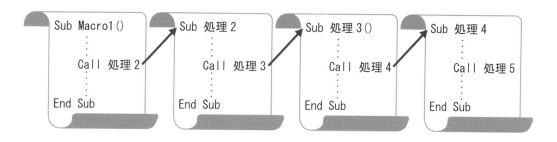

Callステートメントで別プロシージャを呼び出しているとき、「Call プロシージャ名」の"プロシージャ名"にカーソルを置き、Shift + F2 キーを押すと、呼び出しているプロシージャが記述されている場所にカーソルがジャンプします。

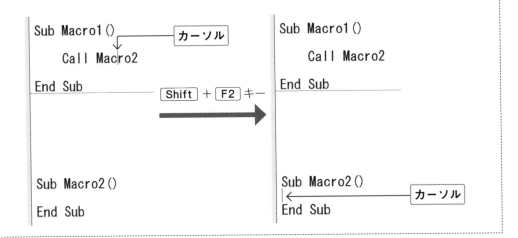

コメント

モジュールの中では、VBAのルールに従った書式や構文で記述しなければなりません。好きな文字を自由に記述することは許されません。しかし、マクロに関することなどを、注釈や覚え書きとして記述したいときもあります。そんなときは、**コメント**として記述します。コメントには、自由なことを記述できます。

コメントを記述するときは、「'（シングルクォーテーション）」を使います。「'」から右側は行末までコメントとみなされます。

```
Sub Macro1()
    'これはコメントです
End Sub
```

コメントは、プロシージャの外に記述することもできます。

```
'これはコメントです
Sub Macro1()
    'これはコメントです
End Sub
'これはコメントです
```

マクロとして有効なコードの右側にコメントを記述することも可能です。

```
Sub Macro1()
    Sheets(1).Select    'これはコメントです
End Sub
```

コメントは、標準で緑色の文字として表示されます。コメントの色を変更するには、VBEの［ツール］メニューから［オプション］を実行します。

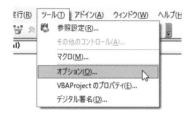

表示される［オプション］ダイアログボックスの［エディターの設定］タブを開き、［コードの表示色］リストで［コメント］を選択します。

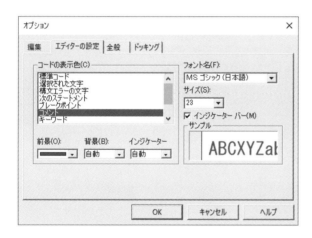

［前景］の色などを指定して［OK］ボタンをクリックします。

すでに入力されているコードに対して、複数行をまとめてコメントにすることも可能です。複数行をまとめてコメントにするには、次のようにします。

❶ツールバーの任意のボタンを右クリックします

❷表示されるメニューから［編集］をクリックします

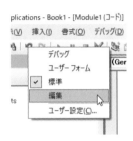

❸実行すると［編集］ツールバーが表示されます

❹コメントにしたい複数行を選択して、［編集］ツールバーの［コメントブロック］ボタンをクリックします

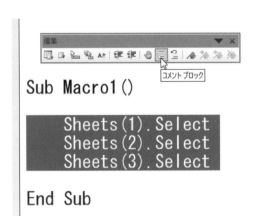

［非コメントブロック］ボタンをクリックすると、選択した行の先頭にある「'（シングルクォーテーション）」が削除されて、コメントを解除できます。

1行の途中で改行する

マクロのコードは、ひとつの命令を1行で書かなければなりません。行の途中で、自由に改行することは許されません。

```
Sub Macro1()
    Sheets(1).
    Select
End Sub
```

しかし、コードによっては、1行がとても長くなる場合もあります。長い行は読みにくく、ミスの原因になりがちです。そんなときは、実際は1行のコードを、見かけの上で改行することができます。見かけ上で改行するには、改行したい場所で「半角スペース」と「_（アンダーバー）」を入力します。

```
Sub Macro1()
    Sheets(1). _
    Select
End Sub
```

見かけ上で改行するときに使う半角スペースと「_（アンダーバー）」を**行継続文字**と呼びます。1行の中で行継続文字は、最大で24回使用できます。1行の中で、それ以上の行継続文字を使用しようとすると注意のメッセージが表示されます。

> **memo**
> 行継続文字で改行できるのは、VBAの単語間だけです。単語の途中で改行することはできません。
> また、VBAのルールにより、見かけ上の改行が許されない箇所もあります。

VBAの構文

VBAは3つの要素から構成されています。セルやワークシートなど、Excelを操作する「オブジェクト式」と、マクロの中で動作を制御したり効力を発揮する「ステートメント」、あらかじめ決められた計算をしてその結果を返す「関数」です。

4-1 オブジェクト式

4-2 ステートメント

4-3 関数

4-4 演算子

4-1 オブジェクト式

VBAは大別すると、次の3要素で構成されています。

　① オブジェクト式
　② ステートメント
　③ 関数

オブジェクト式とは、Excelを操作するときの書き方です。単語と単語の間を「.（ピリオド）」でつなぐ記述が特徴です。ステートメントは、Excelとは直接関係のない、マクロの動作を定めたり、変数を宣言するときなどに使います。関数は、セル内で使用するSUM関数やVLOOKUP関数のように、定められた計算をしてその結果を返します。ここでは、オブジェクト式の特徴やルールなどを解説します。

オブジェクト式の書き方

オブジェクト式の基本形は、次の2パターンです。

　(A) 対象.様子 = 値
　(B) 対象.命令 オプション:=値

(A)のパターンは、対象の様子や状態に関する書き方です。たとえば、ここに「山田くん」という小学生がいたとしましょう。「山田くん」には、身長や体重、家族構成や趣味など、さまざまな様子や状態があります。このとき、

　山田.身長

と書けば、山田くんの身長が分かりますし、

　山田.出身地

で、山田くんがどこで生まれたかを調べることができます。

様子や状態の中には、変更できるものもあります。たとえば「山田くんは何色の服を着ているか」を表す"服の色"という様子や状態があったとします。もちろん

　山田.服の色

を調べれば着ている服の色が分かりますが、服は自由に着替えられます。そこで

　山田.服の色 ＝ 赤

とすることで、山田くんの服の色を赤く変更することができます。実際のVBAでは、次のように使います。

　ActiveCell.Value = 123

これは、ActiveCell（アクティブセル）という対象で使える「セルの中に何が入っているか」を表すValueという様子や状態に、数値の123を代入しています。このコードを実行すると、アクティブセルに123が代入されます。

ここで使われている「＝」記号は、左側と右側が"同じ"という意味ではなく、右側に書いてあるものを、左側に投げ込む（代入する）という記号です。イメージとしては

　山田.服の色 ← 赤
　ActiveCell.Value ← 123

のような感じです。ここで使われている「＝」を両側が"同じ"とはイメージしないでください。なぜなら、同じではないケースもあるからです。たとえば、アクティブセルに対して

　ActiveCell.Value = ActiveCell.Value + 1

という書き方があります。これは、アクティブセルに入っている数値を「1増やす」という意味で、マクロでは頻繁に使われる書き方です。「＝」記号を"同じ"とイメージしていると、これは"同じではない"のに？と悩むことになります。「＝」記号は、右側にあるものを左側に投げ込む（代入する）記号だと認識してください。ちなみに、この「＝」記号を**代入演算子**と呼びます。

様子や状態の中には「＝」を使って変更できないものもあります。たとえば、東京生まれの山田くんに対して

　山田.出身地 ＝ 沖縄

と変更することはできません。VBAの中には、調べることはできるけど、変更することはできない様子や状態もあります。

対象の様子や状態に関する記述が（A）のパターンです。対して、対象に何らかの動作やアクションを起こさせる書き方が（B）のパターンです。たとえば、山田くんを走らせようとするのなら

　　山田.走れ

と命令します。このコードを実行すれば、山田くんは走り出します。実際のVBAでは

　　セルを**挿入しろ**
　　ブックを**開け**
　　グラフを**作れ**
　　データを**並べ替えろ**

のようなときに使います。

さて、

　　山田.走れ

と命令すれば、山田くんは走り出すのですが、いったいどこまで走ればいいのでしょう。走る速度は全力でしょうか。靴は何を履けばいいのでしょう。そういった"走れ"という命令に関する、さまざまな補足事項を、命令の**オプション**または**引数（ひきすう）**と呼びます。（B）のパターンでは、そうした補足事項を指定する場合があります。もし、山田くんを走らせるとき「目的地は駅まで」と補足事項を指定したいのであれば、

　　山田.走れ 目的地:=駅

のように書きます。まったく同じ"走れ"という命令であっても

　　山田.走れ 目的地:=銀行

と書けば、彼は銀行に向かって走り出します。

このように、命令のオプションを指定するときに使う記号が「:=」です。この「:=」という記号は、VBA全体の中で、ここでしか使用しません。もし、複数のオプションを同時に指定する場合は

　　山田.走れ 目的地:=銀行, 速度:=全力, 靴:=ナイキ

のように、カンマで区切って指定します。

命令によって指定できるオプションは決まっています。どの命令に、どんなオプションが用意されているかは、ヘルプやマクロ記録で調べます。また、オプションの中には、必ず指定しなければいけないものや、省略できるものなどがあります。そうした情報も、ヘルプなどで調べてください。

ここで解説した対象のことを、VBAでは**オブジェクト**と呼びます。オブジェクトの様子や状態のことを**プロパティ**、動作やアクションを伴う命令を**メソッド**と呼びます。

オブジェクトの階層構造

山田くんを走らせるときは

　山田.走れ

と命令するのですが、おそらく山田という人物はたくさん存在します。これでは、どの山田なのか明確になっていません。指示を出す者は、その指示の対象が明確ではないとき、特定する義務があります。そこで、どの山田なのかを特定します。たとえば

　3組.山田.走れ

と命令すれば、1組や2組の山田は除外されて、3組の山田だけに特定されます。しかし、もしかしたら、別の学年にも「3組の山田」が存在するかもしれません。もっと正確に特定するのなら

　1年.3組.山田.走れ

と言わなければなりません。しかし、もしかしたら、別の学校にも「1年3組の山田」がいるかもしれません。

　○×小学校.1年.3組.山田.走れ

きりがありません。しかし、対象を明確に特定するには、このように、何らかの方法で対象を絞り込まなければなりません。これが**階層構造**という考え方です。私たちが日常的に使っている住所も、階層構造で対象を明確にする仕組みのひとつです。

VBAでも、まったく同じです。ここでは「セルA1を削除しろ」という命令を考えてみましょう。

セルA1.削除

と指定すれば、セルA1が削除されるはずですが、しかし、セルA1には複数のシートに存在するかもしれません。先の、山田くんと同じように、対象（ここではセルA1）を特定するために、階層構造を指定します。

　シート1.セルA1.削除

まだ曖昧さが残ります。Excelは同時に複数のブックを開けますから、もしかすると、シート1も複数存在するかもしれません。

　ブック1.シート1.セルA1.削除

VBAではこのように、対象を階層構造で表します。

階層構造の特例

対象（オブジェクト）は、階層構造で表されます。VBAでは、正確に階層構造を指定しないと、マクロが正しく動作しません。エラーになるケースも多いです。しかし、Excelのマクロで最も多く使うであろうセルを対象として指定するときに、いつも

　ブック1.シート1.セルA1

と記述するのは煩雑です。毎回、階層構造を正しく記述するのがVBAの原則なのですが「ブック」と「シート」に関しては**省略してもいい**という特例が許されています。たとえば

　シート1.セルA1

のように、ブックを指定せず、いきなりシートを書いたとき、もし複数のブックを同時に開いているのなら、複数のシート1が存在するかもしれません。しかし、ブックを省略してシートから記述したとき、そのシートは「アクティブブックのシート1」と認識されます。

同じように、もし

　セルA1

と、いきなりセルを対象に指定した場合、セルA1は複数のシートに存在するかもしれませんが、このセルは「アクティブシートのセルA1」と認識されてマクロが動作します。

このように、上位オブジェクト（階層構造）の省略が許されているのは「ブック」と「シート」だけです。

コレクション

山田くんに指示を出す書き方として

　山田.走れ

という例をあげましたが、もう少しVBAのルールを適用してみましょう。この山田くんが、1年3組に属しているとするのなら、この学級には、山田くん以外にも、佐藤さんや田中くんなど、別の生徒がいると考えるのが普通です。山田くんも含め、彼ら（彼女ら）は、みな"生徒"です。生徒が集まった、いわば「生徒たち」という集団に山田くんは属しています。そんなとき、山田くんを対象として指定するには

　山田.走れ

と、いきなり山田くんを名指しするのではなく、山田くんが属している集団名を使って、

　生徒たち("山田").走れ

と書かなければいけません。それがVBAの大原則です。もし「山田.走れ」と指示をしたら、もしかすると、山田先生が走ってしまうかもしれません。PTAの集まりに来ていた山田くんのお母さんが走ってしまうかもしれません。ここで走らせたいのは、山田先生でも、山田くんのお母さんでもなく、「生徒たち」という集団に属している山田くんです。

もちろん、この原則が成立するためには、「生徒たち」という集団中に**同姓同名は存在しない**という大前提が必要です。VBAでは、ひとつの集団の中に同じ名前のメンバーは存在できません。もし同名が存在すると、この原則が成り立たなくなるからです。みなさんがExcelを操作していて、シートの名前を変えようとしたとき、すでに存在する名前を指定することができないのは、こうした理由からです。

あるいは、もうひとつ山田くんを指定する方法があります。もし、「生徒たち」の中で、山田くんの出席番号が3番だったなら、その番号を使って

　生徒たち(3).走れ

と書いても、名前で呼んだのと同じように、山田くんを指定したことになります。このように

VBAでは、ある対象を記述するとき、いきなり名前を書くのではなく、その対象が所属している集団名を使い、名前もしくは番号で指定するのが大原則です。

「"生徒"が集まった"生徒たち"という集団」というイメージをお伝えしましたが、VBAではこのように、同じオブジェクトの集合体を**コレクション**と呼びます。コレクションの名称は、そのメンバーであるオブジェクト名（ここでは"生徒"）を複数形（ここでは"生徒たち"）で表します。

実際のVBAで考えてみましょう。

　ブック1.シート1.セルA1

という階層構造を記述するケースです。ブックのオブジェクト名はWorkbookオブジェクトです。したがって、もし「Book1.xlsx」という名前でしたら、Workbookオブジェクトの集合体であるコレクション名を使って

　Workbooks("Book1.xlsx").シート1.セルA1

のように記述しなければなりません。Workbook**s**と、複数形になっている点に留意してください。ブックは、Excelで開いた順番で（VBAの内部で）番号が振られます。もしひとつのブックしか開いていないのなら1番です。その場合は

　Workbooks(1).シート1.セルA1

のように、番号で指定することもできます。同じように、シート1も集団名から記述します。ここでは「Sheet1」という名前だとしましょう。シートはSheetで表されます。Sheetの集合体ですからSheetsと複数形にします。

　Workbooks("Book1.xlsx").Sheets("Sheet1").セルA1

シートは、左から順番に番号が振られますので、もし「Sheet1」が左端にあるのなら1番です。その番号を使って指定するのなら

　Workbooks("Book1.xlsx").Sheets(1).セルA1

のように記述します。

> **memo**
>
> シートの番号は左から順番に振られます。左端が1です。非表示のシートにも番号が振られます。「Sheet1」「Sheet2」「Sheet3」という3枚のシートがあったとして、このうち「Sheet2」が非表示であってもシート番号は次のようになります。
>
> Sheet1 → 1
> Sheet2 → 2
> Sheet3 → 3

> **memo**
>
> コレクションは集団や集合体のようなイメージですが、必ずしも「メンバーが複数（2以上）」とは限りません。VBAでは、メンバーがひとつでもコレクションは存在しますし、そのメンバーを記述するときにはコレクション名を使わなければなりません。あるいは「メンバーがいない(0)」状態でもコレクションは存在します。たとえば、シート上に挿入するグラフはShapeオブジェクトです。もし「アクティブシートにグラフが存在するかどうか」を調べるなら、アクティブシートのShapesコレクション内に、何個のShapeオブジェクトがあるかを調べます。その結果が0個であれば、グラフはひとつも存在しないと分かります。

セルの表し方

ブックとシートは

```
Workbooks("Book1.xlsx").Sheets("Sheet1").セルA1
```

などのように、コレクション名を使って表します。コレクション名は、メンバーであるオブジェクト名の複数形です。これは、ブックやシートに限らず、VBA全般に適用される大原則です。ただし、セルだけは例外です。セルは、こうしたコレクション名ではなく、特別な単語を使って表します。

VBAにはセルを表す単語が数多く用意されています。その中で、最もよく使うのは**Range**と**Cells**です。セルの操作に関しては「第6章 セルの操作」で詳しく解説します。ここでは、RangeとCellsの書き方だけ紹介します。

Rangeは括弧の中に、セルのアドレスを文字列形式で指定します。

```
Range("A1")    → セルA1
Range("A1:B3") → セル範囲A1:B3
Range("A1,C5") → セルA1とセルC5
```

括弧内のアドレスは文字列形式で指定しなければなりませんので、ダブルクォーテーション("")で囲みます。

> **memo**
> 括弧内のアドレスは、Range("a1")のように小文字で書いても正常に動作します。ただし、シート上に表示されている列文字はABC…と大文字ですから、それに合わせてRange("A1")と書くことをお勧めします。

Cellsは次のように記述します。

Cells(行番号, 列番号)

行番号と列番号には、文字列でなく数値を指定しますので、ダブルクォーテーション("")で囲みません。

```
Cells(1, 1)  →  セルA1
Cells(2, 3)  →  セルC2
```

また、Cells(行番号, 列番号)の右側"列番号"には、何列目かを表す数値だけでなく、ABC…などの列文字を指定することもできます。

```
Cells(1, 1)  →  Cells(1, "A")
Cells(2, 3)  →  Cells(2, "C")
```

横に大きいシートの場合、指定したいセルの列番号を数えるのは大変です。そんなときは、列番号のところに直接列文字を記述します。列文字は文字列ですからダブルクォーテーション("")を忘れないようにしてください。

Rangeは、特定のセルまたは特定のセル範囲を指定するときに便利です。Cellsは行と列を数値で指定できますので、複数のセルを次々と操作するときなどに使われます。

4-2 ステートメント

ステートメントは、操作の対象（オブジェクト）に対して様子や状態を調べたり、あるいは何らかの動作をさせるのではなく、マクロ全体の中で何らかの働きをします。

プロシージャの先頭に記述する「Sub」は、「Subステートメント」というステートメントのひとつです。Subステートメントは、プロシージャの始まりを表し、ここからプロシージャが始まることを定義するステートメントです。モジュール内でプロシージャを記述するとき「Sub マクロ名」まで書いて Enter キーを押すと、自動的に「End Sub」が入力されます。この「End」もステートメントのひとつです。ここでSubプロシージャが終わるということを定義しています。

ステートメントには他にも、変数を宣言するためのDimステートメントや、条件分岐をするIfステートメント、繰り返し処理を行うFor...Nextステートメントなどがあります。

実用的なマクロでは、オブジェクト式だけではなく、ステートメントを使用してマクロ全体を制御する必要があります。ステートメントはマクロ記録では記録されませんので、それぞれの使い方を学習し覚えてください。

よく使うステートメントに関しては、第7章「ステートメント」を参照してください。

4-3 関数

VBAの**関数**は、セルに入力するSUM関数やVLOOKUP関数などのワークシート関数と同じように、何らかのデータを受け取って、決められた計算結果を返す仕組みです。

VBAには多くの関数が用意されています。関数の中には、キャッシュフローに対する内部利益率を返すものや、自然対数を返す関数などもあります。しかし、一般的なマクロで使われる関数は限られています。

関数は一般的に、計算の元になるデータを受け取ります。そうしたデータを**引数（ひきすう）**と呼びます。関数の引数は、関数名の後ろに括弧で囲って指定します。たとえば、小文字のアルファベットを大文字に変換するUCase関数は次のように使います。

```
UCase("vba")
```

また、Mid関数のように複数の引数を受け取る関数もあります。

```
Mid("Microsoft", 3, 2)
```

Mid関数は、引数で指定した文字列の、指定した位置から、指定した文字数分だけの文字を返す関数です。なお、Now関数のように、引数を受け取らない関数もあります。

```
Now()
```

Now関数は、現在の日時を返す関数です。引数を受け取らない関数では、括弧を省略することもできます。

> **memo**
>
> VBAの3要素である「オブジェクト式」で指定するオブジェクトやプロパティなどは、アプリケーションによって異なります。WordにはExcelのようなセルがありませんし、ExcelにはPowerPointのようなスライドショーがありません。しかし、どのアプリケーションのVBAであっても「ステートメント」と「関数」は共通です。条件分岐のIfステートメントは、すべてのVBAで同じ書き方をします。「関数」も共通です。だからVBAの関数には、数値の合計を計算するSUM関数や、みんな大好きVLOOKUP関数がありません。Excelにとっては便利なVLOOKUP関数ですが、WordやPowerPointでは使い道がないからです。VBAの関数は、一般的なプログラミングで使用される汎用的な関数しかありません。

4-4 演算子

演算子は、数値を計算したり、文字を結合するときなどに使用する記号や文字です。VBAの演算子には、次のものがあります。

演算子の種類	説明
算術演算子	算術演算を行うときに使用する演算子
比較演算子	比較を行うときに使用する演算子
文字列連結演算子	文字列の連結を行うときに使用する演算子
論理演算子	論理演算を行うときに使用する演算子
代入演算子	値の代入を行うときに使用する演算子

● **算術演算子**

演算子	説明
+	2つの数値の和を求める
-	2つの数値の差を求める
/	2つの数値の商を求める
¥	2つの数値の商を求める
*	2つの数値の積を求める
^	2つの数値のべき乗を求める
Mod	2つの数値の除算を行い、余りを求める

/と¥は、どちらも2つの数値を割り算する演算子ですが、/の結果は小数点を含み、¥の結果は整数となります。

```
10 / 4 → 2.5
10 ¥ 4 → 2
```

> **memo**
> 複数の演算子を組み合わせたとき、計算の順番は一般的な数学のルールと同じです。基本的には左から演算が行われ、括弧の中は優先されます。また、* / ¥ ^ Mod は + - より優先されます。
> 【例】
> 3 + 4 - 5 = 2
> 3 + 4 * 5 = 23
> 3 * (4 + 5) = 27

● 比較演算子

演算子	説明
=	左辺と右辺が等しいときTrueを返す
<	右辺が左辺より大きいときTrueを返す
<=	右辺が左辺以上のときTrueを返す
>	左辺が右辺より大きいときTrueを返す
>=	左辺が右辺以上のときTrueを返す
<>	左辺と右辺が等しくないときTrueを返す
Is	左辺のオブジェクトと右辺のオブジェクトを比較する
Like	パターンマッチングを使った文字列の比較をする

比較演算子は、条件分岐の条件などでよく使います。「もしセルが空欄だったら」という条件は「セルが空欄と等しかったら（セル=""）」のように記述します。

Is演算子はオブジェクト同士が等しいかどうかを比較する演算子です。一般的なマクロでは、Is演算子を使ってオブジェクト同士を比較することは少なく、セルを検索するFindステートメントが成功したかどうかの判定などに使われます。

Like演算子は、文字列が、指定したパターンに一致しているかどうかを比較する演算子です。

● 文字列連結演算子

演算子	説明
&	左辺と右辺の文字列を結合する
+	左辺と右辺の文字列を結合する

&演算子と**+演算子**は、どちらも同じ働きをします。

　"Yamada" & "Taro" → "YamadaTaro"
　"Yamada" + "Taro" → "YamadaTaro"

しかし、+演算子は、数値を足し算する働きもありますので、変数同士を結合するようなケースで予期せぬ結果になることがあります。文字列を結合するときは&演算子を使い、+演算子は使わないようにしましょう。

● 論理演算子

演算子	説明
And	論理積
Or	論理和
Not	論理否定
Eqv	論理等価
Imp	論理包含
Xor	排他的論理和

● 代入演算子

演算子	説明
=	右辺を左辺に代入する

5

変数と定数

変数とは、数値や文字列などのデータを、マクロの中で一時的に記憶しておき、別のところで使用するという仕組みです。実務で使用するレベルのマクロでは、変数を使うことが多いです。変数に苦手意識を持つ人もいますが、難しいのは使い方ではなく「型」という仕組みです。どんな型を使えばいいのか分からないときは、変数の型を省略してもかまいません。

5-1 　変数とは
5-2 　変数を宣言する
5-3 　変数に代入する
5-4 　変数の名前
5-5 　変数の適用範囲
5-6 　定数とは

5-1 変数とは

変数とは、数値や文字列などのデータを、マクロの中で一時的に記憶しておき、別のところで使用するという仕組みです。しばしば変数は「箱のようなもの」と例えられます。

VBAで、変数を操作するときの一般的な流れは次の通りです。

　　① 変数を宣言する
　　　　　↓
　　② 変数に値を入れる
　　　　　↓
　　③ 変数内の値を使う

変数を操作する前には、マクロの中で「こういう変数を使います」と記述します。これを変数の**宣言**と呼びます。VBAでは、変数を宣言しないで使用する方法もありますが、変数は宣言してから使うべきです。

変数には**型**という概念があります。これは、変数に入れる値によって、専用の変数を使うという仕組みです。たとえば、文字を入れる変数なら**文字列型**として宣言し、整数を入れる変数であれば**長整数型**などとして宣言するようなやり方です。

VBAの変数には次のような型があります。

型名	型指定文字	格納できるデータ
ブール型	Boolean	TrueまたはFalse
バイト型	Byte	0〜255までの整数
整数型	Integer	-32,768〜32,767の整数
長整数型	Long	-2,147,483,648〜2,147,483,647の整数
通貨型	Currency	-922,337,203,685,477.5808 〜 922,337,203,685,477.5807の固定小数点数
単精度浮動小数点数型	Single	負の値：約-3.4×10（38乗）〜-1.4×10（-45乗） 正の値：約1.4×10（-45乗）〜1.8×10（38乗）
倍精度浮動小数点数型	Double	負の値：約-1.8×10（308乗）〜-4.0×10（-324乗） 正の値：約4.9×10（-324乗）〜1.8×10（308乗）
日付型	Date	日付：西暦100年1月1日〜西暦9999年12月31日 時刻：0:00:00 〜 23:59:59

型名	型指定文字	格納できるデータ
文字列型	String	任意の長さの文字列
オブジェクト型	Object	オブジェクト
バリアント型	Variant	すべてのデータ

変数の型は、その変数に入れることができる値を規制する仕組みです。たとえば、整数型として宣言した「整数専用の変数」には整数しか入れることができず、そこに文字列を入れることはできません。

> **memo**
> 逆は可能です。たとえば、文字列型として宣言した「文字列専用の変数」に整数を代入することはできます。これは、VBAが内部で整数を文字列に変換して代入するからです。整数「123」にダブルクォーテーションを付ければ「"123"」となり、これは文字列になります。しかし「"山田"」を整数に変換することはできません。

宣言の段階で適切な型を指定するには、この後、その変数がどのように使われるかを想定しなければなりません。VBAのビギナーはそうした、マクロ全体をイメージするのが難しいので、宣言の段階で「どの型を指定すればいいか分からない」と悩むことも少なくないでしょう。

VBAの学習者にとって、変数がひとつの壁になっているのは、そうした型の特定が原因です。そのため

　　型を指定するのが難しい
　　　　　　↓
　　変数の宣言が分からない
　　　　　　↓
　　宣言しないで変数を使う

という発想から、変数を宣言しないで使用するケースをよく見かけます。しかし、難解なのは"型の指定"であって、宣言そのものは難しくありません。型の指定が分からないからという理由で、変数を宣言しないで使用するのは乱暴です。なぜなら、宣言しないで変数を使っていると、変数名のタイプミスによって重大なバグを生むからです。さらに、そうしたタイプミスを発見することは、他の不具合を見つけるよりも、はるかに難しいデバッグ作業です。

変数の宣言で、もし適切な型が分からないのなら、型の指定は省略してかまいません。型を省略すると、その変数はすべてバリアント型となります。バリアント型変数の多用は、マクロの実行速度が遅くなるというデメリットがあるため、昔は推奨されていませんでした。しかし、昨今のパソコン環境では、高速なCPUや大きなメモリが搭載されていて、そうしたデメリットはありません。

変数は宣言して使用すべきです。そのためには、宣言しないと変数を使えないように、VBAの設定を変更するといいでしょう。VBEの［ツール］メニューから［オプション］を実行して［オプション］ダイアログボックスを開き、［編集］タブの［変数の宣言を強制する］チェックボックスをオンにします。

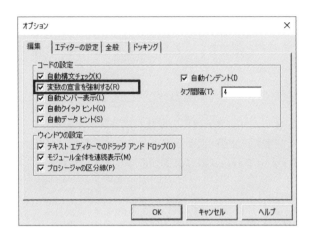

［OK］ボタンをクリックすると、これ以降に作成したモジュールには、先頭に**「Option Explicit」**という一文が自動的に追加されます。「Option Explicit」が書かれたモジュール内では、宣言をしないで変数を使うことはできなくなります。

> ● memo
> ［変数の宣言を強制する］設定は、Excelを終了しても引き継がれます。

5-2 変数を宣言する

変数を宣言するときは次のように記述します。

```
Dim 変数名 As 型
```

たとえば、文字列型の変数Aを宣言するには

```
Dim A As String
```

VBEのコードウィンドウで「As 」まで入力すると、その後に指定できる変数の型がリストに表示されます。リストから型を選択して入力することも可能です。

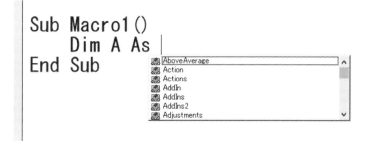

バリアント型の変数を宣言するときは「As」以降の型指定で"Variant"を指定します。

```
Dim A As Variant
```

あるいは「As」以降の型指定を省略すると、その変数はバリアント型になります。

```
Dim A
```

Dimステートメントによる変数の宣言は、複数行で記述することができます。

```
Dim A As String
Dim B As Long
```

また、ひとつのDimステートメントで複数の変数を宣言することもできます。

    Dim A As String, B As Long

たとえば、「A」「B」「C」という3つの変数を、すべて文字列型で宣言しようとして、次のように記述するのは間違いです。

    Dim A, B, C As String

この場合、「A」と「B」は型宣言が省略されたとみなされて、文字列型（String）ではなくバリアント型（Variant）となります。3つの変数をすべて文字列型として宣言するには、次のように書かなければなりません。

    Dim A As String, B As String, C As String

5-3 変数に代入する

変数に入れる文字列や数値のことを**値（あたい）**と呼びます。また、何らかの値を変数に入れることを**代入する**または**格納する**などと表します。

変数に値を代入するには、代入演算子の「=」を使います。次のコードは、文字列型の変数Aに"山田"という文字列を代入します。

```
Dim A As String
A = "山田"
```

次のコードは、長整数型の変数Aに数値の100を代入します。

```
Dim A As Long
A = 100
```

「=」の右側に何らかの計算式があったときは、「=」の右側を先に計算して、その計算結果を左側の変数に代入します。

次のコードは、変数Aに数値の300が代入されます。

```
Dim A As Long
A = 100 + 200
```

では、次のケースはどうでしょう。まず、変数Aに数値の100を代入します。

```
Dim A As Long
A = 100
```

さらに、変数に代入するコードを追加します。

```
Dim A As Long
A = 100
A = A + 1
```

2行目のコード「A = 100」によって、変数Aには数値の100が代入されます。3行目の「A = A + 1」は、まず「=」の右側である「A + 1」を先に計算しなければなりません。計算結果は「101」です。その101が新しく変数Aに代入されるのですから、変数Aの中は101になります。これは結果的に、元の変数Aに入っていた数値（ここでは100）に1を加えたことになります。

このように、変数内の数値を1増やすというやり方は、何かをカウントするような操作でよく使われます。ここで使われる「=」を「左側と右側が等しい」のようにイメージすると混乱します。「A」と「A + 1」は等しくないのですから。この「=」は「右側にあるものを左側に代入する」記号だとイメージしてください。

変数を使用する

マクロの中で変数を使用するときは、ただ変数の名前を記述します。変数の名前を記述したところは、その変数の中に格納されている値と同じ意味になります。

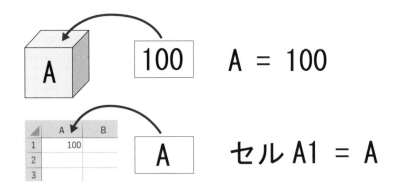

> **memo**
> 変数Aに格納されていた値（ここでは100）をセルA1に代入しても、変数内の100が消えてなくなるわけではありません。変数の中は変わりません。変数に入っていた数値の100「と同じもの」がセルA1にも入ります。"移動"ではなく"コピー"のイメージです。

変数の名前は、どんなときもダブルクォーテーションで囲ってはいけません。変数名をダブルクォーテーションで囲むと、それは文字列として扱われます。

```
Dim A As Long, B As Long
A = 100
B = 200
A + B
```

4行目の「A + B」は「Aという名前の変数（箱）」に入っている値（100）と、「Bという名前の変数（箱）」に入っている値（200）を合計せよという意味です。AとBはどちらも変数の名前ですから、ダブルクォーテーションで囲みません。
誤りやすいのは文字列のケースです。

"東京都" & "千代田区"

「&」演算子は、文字列を結合する記号です。上記のコードの結果

"東京都千代田区"

という文字列が作られます。では、次のケースではどうでしょう。

```
Dim A As String, B As String
A = "東京都"
B = "千代田区"
A & B
```

ここでも4行目の結果

"東京都千代田区"

という文字列が作られます。

このとき「変数に入っているものは文字列だから」とか「& の結果が文字列になるのだから」などと考えて

```
Dim A As String, B As String
A = "東京都"
B = "千代田区"
"A" & "B"
```

と書いてはいけません。この結果は、

"AB"

という文字列です。

マクロの中で、変数の名前は、どんなときでもダブルクォーテーションで囲ってはいけません。

　　A　　→　　Aという名前の変数 → その中に入っているもの → "東京都"
　　"A"　→　　Aという文字列

変数宣言の重要性

［変数の宣言を強制する］の設定をオンにすると、それ以降に挿入されるモジュールの冒頭に**「Option Explicit」**が自動的に追加されます。冒頭に「Option Explicit」が記述されたモジュール内では、どんなプロシージャであっても、変数は宣言しないと使用できず、宣言していない変数を使用すると、そこでマクロがエラーになります。

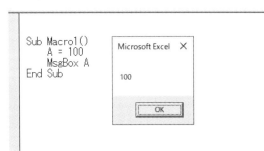

> ●memo
> MsgBoxは、画面にメッセージを表示する関数です。詳しくは「第8章 関数」を参照してください。

では、次のケースではどうでしょう。

```
Sub Macro2()
    Dim N_01 As Long
    Dim N_02 As Long
    N_01 = 100
    N_02 = 200
    MsgBox N_0l + N_02
End Sub
```

このマクロの実行結果は次の通りです。

マクロはエラーになりませんが、実行結果は明らかに間違っています。実は図のコードで「MsgBox N_0l + N_02」の"N_0l"は"N_01"ではありません。"1"ではなく小文字のエル"l"です。宣言していない"N_0l"という変数が突然登場しましたが、このモジュールは冒頭に「Option Explicit」が記述されていません。つまりこのモジュールは、変数の宣言が強制されていないのです。したがってVBAは、マクロの指示どおり新しい"N_0l"という変数を用意しました。さらに実は、3カ所記述されている"N_02"も、ひとつが"N_O2"です。ゼロ"0"ではなく、アルファベットのオー"O"です。目で見て判断できますか？

このように、変数の宣言が強制されていないと、変数名のスペルミスが無視されてしまいます。こうしたケースで変数名のスペルミスを発見するのは困難です。なにしろ、マクロはエラーにならず正常終了するのですから。1文字ずつ目で見て確認しなければなりません。一般的に、マクロが正常に終了すると、ユーザーはその結果が正しいと判断します。しかし、変数の宣言が強制されていないと、こうした重大なバグを引き起こす可能性があるのです。

5-4 変数の名前

変数の名前には次のような制限があります。

変数名には、文字（英数字、漢字、ひらがな、カタカナ）とアンダースコア（_）を使うことができます。スペースやほかの記号は使えません。変数名の先頭の文字は、英字、漢字、ひらがな、カタカナのいずれかでなければなりません。変数名の長さは、半角で255文字以内でなければなりません。また、同一適用範囲（スコープ）内で同じ変数名を使うことはできません。適用範囲（スコープ）については次の節で解説します。

VBAで使われている語と、同じ名前の変数名は使用できません。たとえば「Next」という語はVBAが使うステートメントの一部なので、変数名として使用できません。

> **memo**
> 変数名には日本語を使用することもできます。

変数の名前には、意味のある文字を指定するようにしましょう。次のマクロはユーザーが入力した名前をMsgBoxで画面に表示します。

```
Sub Macro1()
    Dim A As String, B As String
    A = InputBox("名前を入力してください")
    B = InputBox("住所を入力してください")
    MsgBox "名前は" & A
End Sub
```

> **memo**
> InputBoxは、マクロ実行中にユーザーから文字列を受け取る関数です。詳しくは「第8章 関数」を参照してください。

正常に動作するマクロですが、最後の行

　　MsgBox "名前は" & A

で使われている変数Aが、本当に名前が入っているかどうか、この行を見ただけでは推測できません。もしこれが

　MsgBox "名前は" & B

と書かれていても、ここだけを見て、マクロが間違っているかどうかを判断できません。こんなときは、それぞれの変数名に「変数の中に、どんな種類の値が入っているか」を示すような、意味のある変数名を使うといいでしょう。たとえば、次のようにすると、コードの可読性が高まります。

```
Sub Macro2()
    Dim UserName As String, UserAddress As String
    UserName = InputBox("名前を入力してください")
    UserAddress = InputBox("住所を入力してください")
    MsgBox "名前は" & UserName
End Sub
```

● **よく使われる変数名**

変数の名前は意味のある語にすべきです。ただし、すべての変数名がそうである必要はありません。マクロの中で、一時的に使用する変数や、繰り返し処理のカウンタとして使用する変数などは、逆に意味にはこだわらず、簡素な変数名を使うことで可読性が高まります。

必須ではありませんが、一般的に使用される一時的な変数名を紹介します。

変数名	用途	語源
ct（cnt）	何かを数えるときなど	Count、Counter
f（flag）	オン/オフの状態を判断するときなど	Flag
i	繰り返し処理のカウンタ変数など	Iteration（繰り返し）
temp	一時的に使用する変数など	Temporary（仮の）
buf	中間処理などで一時的に格納するときなど	Buffer（緩衝器）
rc（re）	関数などの戻り値を格納する変数など	Return Code
n（num）	一時的に扱う数値など	Number
s（str）	一時的に扱う文字列など	String

5-5 変数の適用範囲

変数は、宣言する場所や書き方によって、使用できる場所が限定されます。その変数が使用できる範囲のことを**適用範囲**または**スコープ**と呼びます。
プロシージャの中で宣言した変数は、宣言したプロシージャの中でしか使用できません。

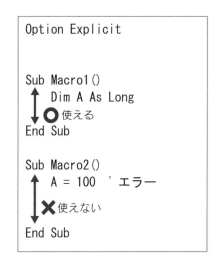

このように、プロシージャの中で宣言し、そのプロシージャの中だけで使用できる変数を、**局所変数**または**ローカル変数**などと呼びます。
同じモジュール内の、すべてのプロシージャで使用できる変数は、プロシージャの中ではなく、モジュールの宣言セクションに記述します。宣言セクションとは、モジュールの先頭から、最初のプロシージャまでのエリアです。

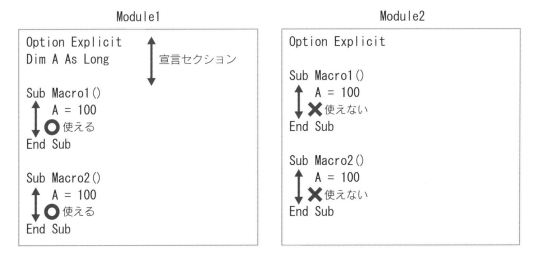

宣言セクションにDimステートメントで宣言した変数は、宣言したモジュール内の全プロシージャで使用できます。このような変数を**モジュールレベル変数**と呼びます。

モジュールレベル変数は、宣言したモジュール内でしか使用できません。そうではなく、別のモジュールでも使用できる変数は、宣言セクションで、Dimステートメントではなく**Publicステートメント**を使って宣言します。

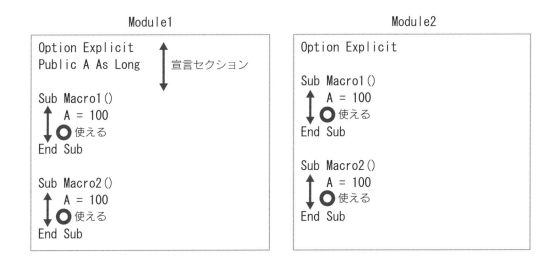

すべてのモジュールで使用可能な変数を**パブリック変数**と呼びます。

変数の初期値

宣言した直後の変数は、文字列型（String）には空欄（""）が入っています。整数型（Integer）や長整数型（Long）など数値を格納する変数には数値の0が入っています。こうした、宣言した直後に最初から格納されている値を、変数の**初期値**と呼びます。
変数の初期値を確認してみましょう。

```
Sub Macro3()
    Dim A As Long, B As String
    MsgBox A
    MsgBox B
End Sub
```

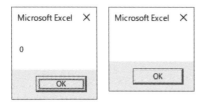

VBAではない別のプログラミング言語では、変数を使用するときは必ず初期化をしなければならないものもあります。しかし、VBAでは変数の宣言によって、その変数は自動的に初期化されますので、明示的に初期化する必要はありません。

```
Sub Macro4()
    Dim A As Long, B As String
    A = 0      '必要ない
    B = ""     '必要ない
End Sub
```

変数の有効期間

プロシージャの中で宣言した変数は、そのプロシージャが終了するとメモリ上から消えます。プロシージャが終わった後でも、その変数に値が残っているということはありません。次のマクロは、実行するたびにMsgBoxで0が表示されます。

```
Sub Macro5()
```

```
    Dim A As Long
    MsgBox A
    A = 100
End Sub
```

しかし、モジュール内のすべてのプロシージャで使用できるモジュールレベル変数や、すべてのモジュールで使用できるパブリック変数は、プロシージャが終了しても、値を保持していることがあります。次のコードで確認してみましょう。

```
Dim A As Long

Sub Macro6()
    A = A + 1
    MsgBox A
End Sub
```

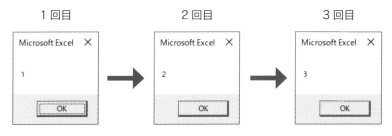

このマクロを実行するたびに、MsgBoxで表示される数値は1→2→3…と増えていきます。つまり、プロシージャが終了しても、変数A内に格納されている数値が保持されている証拠です。

しかし、変数の「モジュールレベル」や「パブリック」とは、その変数が「どこで使えるか」という適用範囲（スコープ）を定める仕組みであって、その変数内の値が「いつまで保持されているか」を定めるものではありません。プロシージャの終了後に、モジュールレベル変数やパブリック変数などがクリアされることもあります。

次のコードで確認してみましょう。プロシージャを途中で強制終了させるには、一般的に「Exit Sub」や「End」という命令を使います。

```
Dim A As Long

Sub Macro7()
    A = A + 1
    MsgBox A
    Exit Sub        '明示的に終了させる
End Sub
```

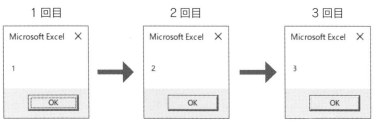

Exit Sub では変数がクリアされない

「Exit Sub」でプロシージャを終了させた場合、プロシージャが終了した後でも変数Aの値が保持されていますが、「End」でプロシージャを終了させると、そこで変数Aの値がクリアされます。

```
Dim A As Long

Sub Macro8()
    A = A + 1
    MsgBox A
    End             '明示的に終了させる
End Sub
```

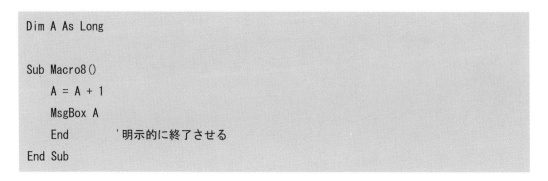

End は変数をクリアする

あるいは、プロシージャ終了後に、モジュール内のプロシージャ名を変更したり、別のモジュールを削除するなどの操作をしたときも、モジュールレベル変数やパブリック変数の値がクリアされます。モジュールレベル変数やパブリック変数の値が、プロシージャ終了後も保持されているという前提でマクロを作るのは危険です。

5-6 定数とは

次の操作をマクロ記録してみましょう。

❶ 任意のセルを1つ選択します
❷ Ctrl キーを押しながら − (マイナス) キーを押します。この操作はセルを削除します
❸ 表示される［削除］ダイアログボックスで［左方向にシフト］がチェックされているのを確認して［OK］ボタンをクリックします

実行すると、アクティブセルが削除されます。マクロ記録を終了して、記録されたマクロを確認してみましょう。次のようなコードが記録されたはずです。

```
Sub Macro9()
    Selection.Delete Shift:=xlToLeft
End Sub
```

コードの最後に記録された「xlToLeft」は、セルを削除した後で左方向にシフトさせるために、引数Shiftに設定された値です。本来は、引数Shiftに「-4159」という数値を指定するのですが、

```
Sub Macro10()
    Selection.Delete Shift:=-4159
End Sub
```

では、どちらにシフトされるのかが分かりにくいです。そこでVBAでは、そうした「よく使う数値」に、あらかじめ意味のある文字を割り当てて、数値の代わりに使用することができます。そのように、数値に別の文字を割り当てたものを**定数**と呼びます。

VBAには非常に多くの定数があらかじめ定義されています。VBAで使用できる定数は、名前の先頭が「xl」「vb」「fm」のいずれかで始まります。

・xlで始まる定数
　Excelの操作で使用される定数です。上記のように、セルを削除した後の挙動を決める「xlToLeft」など

- vbで始まる定数
  Access VBAやPowerPoint VBAなど、他のアプリケーションのVBAでも共通して使用できる定数です。たとえば、文字列の中で改行するときに使う「vbCrLf」など

- fmで始まる定数
  UserFormで使用される定数です。TextBoxコントロールの外観を定める「fmSpecialEffectflat」など

特別な理由がない限り、マクロ内では意味の分からない数値ではなく定数を使うべきです。定数を使うことで、マクロの可読性が向上します。どの引数にどんな定数を指定できるかはヘルプに記載されています。

独自の定数

定数はユーザーが独自に定義することもできます。数値だけでなく、文字列に定数を定義することも可能です。定数を定義するには**Const**という命令を使います。Constステートメントの書式は次の通りです。

```
Const 定数名 As 定数の型 = 値
```

次のコードは、数値の100に「LIMIT」という名前の定数を定義します。

```
Const LIMIT As Long = 100
```

定数を宣言した後は、定数LIMITが数値の100として扱われます。
数値そのものには意味がありませんのでマクロの中でいきなり「100」という数値が登場すると、その「100」が何を意味しているかは分かりません。そんなときは「100」という数値に、意味が分かりやすい単語を定数として定義しておくと、コードの可読性が高まります。

次のコードは、"株式会社ABC商事"という文字列に「社名」という定数を定義します。

```
Sub Macro11()
    Const 社名 As String = "株式会社ABC商事"
    MsgBox 社名
End Sub
```

マクロの中で何度も使う文字列に定数を定義しておくと、毎回同じ文字列を記述する必要がなく、また定数の定義を変えれば、すべての使用箇所で同じ文字列を統一して使うことができます。

ConstステートメントでC定義した定数の有効範囲は、変数の宣言と同じです。プロシージャ内で宣言した定数は同じプロシージャ内でしか使用できず、宣言セクションで宣言した定数は、そのモジュール内のすべてのプロシージャで使用できます。すべてのモジュールで使用できるパブリック定数を宣言するには、宣言セクションで「Public Const」を使います。

● **変数と定数の使い分け**

変数と定数は、どちらも数値や文字列といった値を保持し、それを別名で使用できる仕組みです。どちらを使うべきかは、それぞれの特徴や決まりを考慮して決めましょう。

変数
・マクロの中で、何度でも値を変更することができる
・値の格納は、宣言後のコードで行う

定数
・定義した定数の値は、マクロ内で変更できない
・定義する値は、宣言時に行わなければならない

```
Sub Macro12()
'変数はマクロ内で何度でも変更できる
    Dim A As Long
    A = 100
    MsgBox A
    A = 200
    MsgBox A
End Sub
```

```
Sub Macro13()
'定義した定数はマクロ内で変更できない
    Const A As Long = 100
    A = 200        'エラー
    MsgBox A
End Sub
```

```
Sub Macro14()
'変数は宣言時に初期値を定義できない
    Dim A As Long = 100      '文法エラー
End Sub
```

```
Sub Macro15()
'定数は宣言時に値を定義しなければならない
    Const A as Long        '文法エラー
End Sub
```

6

セルの操作

Excelのマクロでは、いかに的確に対象となるセルを特定するかが最大のポイントになります。セルを扱うためのオブジェクトやプロパティなどが、VBAにはたくさん用意されています。ケースに応じて、適切に使い分けてください。

6-1　セルを操作する
6-2　Valueプロパティ
6-3　セルの様子を表すプロパティ
6-4　別のセルを表すプロパティ
6-5　セルを表すその他の単語
6-6　セルのメソッド
6-7　複数セル（セル範囲）の指定
6-8　行や列の指定

6-1 セルを操作する

オブジェクト式で対象を指定するときは、一般的に**コレクション**を使います。たとえば、ブックはWorkbookオブジェクトですから、ブックを指定するときは、**Workbooksコレクション**を使って「Workbooks("Book1.xlsx")」などのように記述します。

しかし、対象にセルを指定するときは別です。セルはコレクションではなく、特別な単語を使って表します。セルを表すとき、最もよく使う単語は**Range**と**Cells**です。

RangeとCellsの使い方

Rangeの書式は次のとおりです。括弧の中に、指定したいセルのアドレスを、文字列形式で記述します。

```
Range("A1")  → セルA1
Range("A1:B3")  → セル範囲A1:B3
Range("A1,B3")  → セルA1とセルB3
```

アドレスを示すアルファベットは、大文字でも小文字でもかまいません。

```
Range("A1")  → セルA1
Range("a1")  → セルA1
```

Rangeは、文字列を使ってセルを指定します。文字列は計算できませんので、マクロ作成時に対象のセルが決まっているときなどに使います。

Cellsの書式は次のとおりです。

```
Cells(行, 列)
```

Cellsでは、指定するセルの行位置と列位置を指定します。

```
Cells(3, 2)  → セルB3
Cells(2, 4)  → セルD2
```

列を指定する引数には、数値だけでなく列文字（アルファベット）も指定できます。

```
Cells(3, "B")  → セルB3
Cells(2, "D")  → セルD2
```

列文字を指定するときは、必ずダブルクォーテーションで囲みます。
大きい表を操作する場合、Cells(2, 42)のように書くと、42が何列目を指しているのかが分かりにくいです。そんなときは、Cells(2, "AP")のように、列文字を指定してください。

Cellsは、セルの位置を数値で指定できます。For...Nextステートメントでセルをひとつずつ操作するときや、何らかの計算をするときなどはCellsが便利です。

> **memo**
> For...Nextステートメントに関しては「第7章 ステートメント」で解説します。

> **memo**
> 任意の列が、何列目にあたるかという数値を調べるには、セルにCOLUMN関数を入力します。

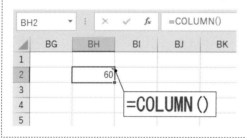

6-2 Valueプロパティ

Valueプロパティは、セルの中にどんな値が入っているかを表すプロパティです。

   Range("A1").Value

と書けば、セルA1の中に入っている値を取得できます。あるいは「=」を使って

   Range("A1").Value = 100

と書けば、セルに値を代入することもできます。

```
Sub Macro1()
    Range("A1").Value = 100
    Range("A2").Value = 200
    Range("A3").Value = Range("A1").Value + Range("A2").Value
End Sub
```

	A	B
1	100	
2	200	
3	300	
4		

```
Sub Macro2()
    Dim A As Long
    A = Cells(2, 1).Value
    MsgBox A
End Sub
```

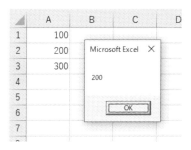

```
Sub Macro3()
    Dim A As String
    A = InputBox("名前は?")
    Range("B1").Value = A
End Sub
```

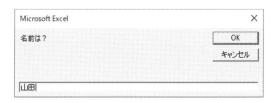

```
Sub Macro4()
    MsgBox "名前は" & Cells(1, 2).Value & "です"
End Sub
```

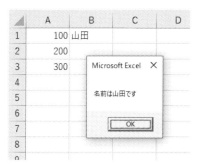

```
Sub Macro5()
    Range("A1").Value = Range("B1").Value
End Sub
```

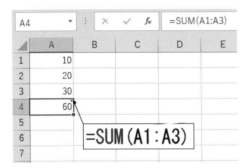

Valueプロパティは「セルの中に入っている値」を表すプロパティです。セルの中に計算式が入っている場合は、Valueプロパティは計算結果を表します。

上図のセル範囲A1:A3には数値が入力されています。セルA4には「=SUM(A1:A3)」という計算式が入力されています。このとき、Range("A4").Valueは、計算式の「=SUM(A1:A3)」ではなく計算結果の「60」を表します。

```
Sub Macro6()
    MsgBox Range("A4").Value
End Sub
```

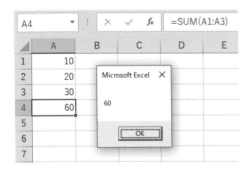

```
Sub Macro7()
    Range("B4").Value = Range("A4").Value
End Sub
```

	A	B	C	D
1	10			
2	20			
3	30			
4	60	60		
5				

B4 の値は 60

このマクロを実行すると、セルA4の計算結果である数値の「60」がセルB4に代入されます。

Valueプロパティの省略

オブジェクト式の基本形は次の通りです。

　　対象.様子
　　対象.命令

いずれにしても、最低2つの単語が必要です。しかし、対象がセル（Rangeオブジェクト）のときだけは

　　対象

とだけ記述し、右側の「.様子」「.命令」のいずれも記述しない書き方が許されています。対象にセル（Rangeオブジェクト）だけを指定し、「.様子」「.命令」に何も記述しなかった場合、これはセル（Rangeオブジェクト）の**Valueプロパティを指定したもの**とみなされます。

```
Range("A1") = 100
↑↓同じ
Range("A1").Value = 100

Cells(3, 1) = Cells(2, 1) + Cells(1, 1)
↑↓同じ
Cells(3, 1).Value = Cells(2, 1).Value + Cells(1, 1).Value
```

セルに入力されている値を操作するとき、Valueプロパティを省略すると、コードが短くなって可読性が高まります。一方で、Valueプロパティを省略しないで記述すれば、明示的に「ここはValueプロパティを操作している」ということが読み取れます。ケースに応じて使い分けてください。

> **memo**
> 複数のセルを操作するような場合、Valueプロパティを必ず記述しなければならないケースもあります。

6-3 セルの様子を表すプロパティ

Valueプロパティは「セルの中に入っている値」を表します。ほかにも、セルの様子を表すプロパティがあります。ここでは、それらの一部を解説します。

Textプロパティ

Valueプロパティが「セルの中に入っている値」を表すのに対して、Textプロパティは「セルに表示されている文字列」を表します。たとえば、セルに数値の「1000」を入力し、そのセルに桁区切りの表示形式を設定します。セルの中に入っている値は「1000」ですが、セルに表示されている文字列は「1,000」です。このとき、Valueプロパティは「1000」を表し、Textプロパティは「1,000」を表します。

```
Sub Macro8()
    MsgBox Range("A1").Value
    MsgBox Range("A1").Text
End Sub
```

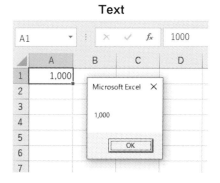

Textプロパティは**読み取り専用**です。代入することはできません。

```
Sub Macro9()
    Range("A1").Text = 100
End Sub
```

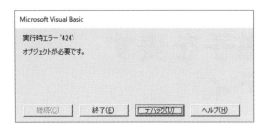

Formulaプロパティ

セルに計算式が入力されているとき、Valueプロパティは計算結果の値を返します。

セル範囲A1:A3には数値が入力されていて、セルA4には「=SUM(A1:A3)」という計算式が入力されているとき、Range("A4").Valueは、計算式の「=SUM(A1:A3)」ではなく計算結果の「60」を表します。

```
Sub Macro10()
    MsgBox Range("A4").Value
End Sub
```

計算結果ではなく、セルに入力されている計算式を取得したいときは、**Formulaプロパティ**を使います。

```
Sub Macro11()
    MsgBox Range("A4").Formula
End Sub
```

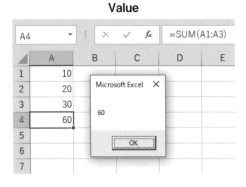
Value

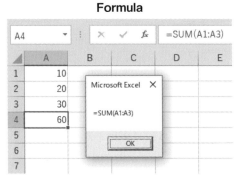
Formula

6-4 別のセルを表すプロパティ

プロパティの中には、セルの様子や状態を表すものだけでなく、別のセルを表すプロパティもあります。ここでは、それらの一部を解説します。

Offset プロパティ

Offsetプロパティは、基準となるセルから見て、相対的に指定した位置のセルを表します。

```
基準となるセル.Offset(行, 列)
```

たとえば、基準となるセルがB2だったとき、

```
Range("B2").Offset(2, 1)
```

は、セルB2から見て、2行下で1列右のセルC4を表します。

```
Sub Macro12()
    Range("B2").Offset(2, 1) = 100
End Sub
```

	A	B	C	D
1				
2				
3				
4			100	
5				
6				

上記のように、基準となるセル（ここではセルB2）が、マクロを作成する時点で分かっているときは、普通にRange("C4")と書くのと同じです。Offsetは、基準となるセルがマクロを実行するまで分からないときに活用されます。何らかの方法で、特定のセルを探し出すようなとき、その"見つかるであろうセル"から見て「1つ下のセル」や「3つ左のセル」を操作したいことがあります。そんなときにOffsetを使うと便利です。

見つかるであろうセル.Offset(1, 0)　→　1つ下のセル
見つかるであろうセル.Offset(0, -3)　→　3つ左のセル

また、Offsetは複数のセル（セル範囲）に対しても有効です。Range("A1:C3").Offset(1, 0)は、セル範囲A2:C4を表します。

```
Sub Macro13()
    Range("A1:C3").Offset(1, 0).Value = 100
End Sub
```

	A	B	C	D
1				
2	100	100	100	
3	100	100	100	
4	100	100	100	
5				

Resize プロパティ

Resizeプロパティは、セル範囲の大きさを変更したセル範囲を表します。まず、単一のセルは「1行×1列」の大きさを持つセル範囲だと認識してください。セル範囲B3:D6は、それまで「1行×1列」だったセルB3を「4行×3列」に拡大した大きさです。

これをResizeプロパティで表すと次のようになります。

```
Range("B3").Resize(4, 3)
```

基準となるセルB3を、行方向と列方向に引き延ばしたイメージです。

Endプロパティ

セル範囲に値が代入されているとき、Ctrlキーと矢印キーを押すと、値が入力されている最終セルにアクティブセルが移動します。

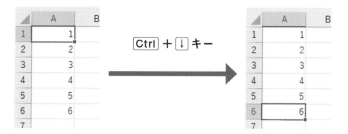

この操作を**Endモード**と呼びます。Endモードで「アクティブセルが移動するであろうセル」を表すのがEndプロパティです。Endプロパティの書式は次の通りです。

基準となるセル.End(方向)

基準となるセルは、Ctrl+矢印キーを押す前に選択されてるセルです。方向には、Endモードで移動する方向を指定します。

方向	方向を表わす定数
上	xlUp
下	xlDown
左	xlToLeft
右	xlToRight

> **memo**
> 方向に指定する「xlUp」などは、Excel VBAで定義されている定数です。定数に関しては「第5章 変数と定数」を参照してください。

```
Sub Macro14()
    Range("A1").End(xlDown).Value = 100
End Sub
```

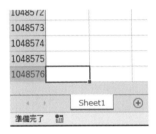

たとえば、表の中で、上から下に移動するとき、もしその列の途中にブランクセルがあったら、Endモードでは、ブランクセルの上にアクティブセルを移動します。

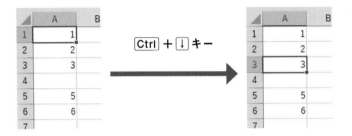

Endモードで、表の一番下のセルを特定したいとき、これでは最終セルまで行き着きません。そんなときは、ワークシートの一番下のセルから、上方向に向かってEndモードを実行します。

ワークシートの一番下のセルは、Cellsを使って、次のように表します。

Cells(行の総数, 列位置)

たとえば、A列（1列目）の一番下は、次のように記述します。

Cells(Rows.Count, 1)

Rowsというのは、Rowオブジェクトの集合体（コレクション）です。Rowオブジェクトは、ワークシート内の**行**を表します。Countはプロパティです。Rowsコレクションの中に、いくつのメンバー（ここでは行）が存在するかが分かります。

```
Sub Macro15()
    Cells(Rows.Count, 1).End(xlUp).Value = 200
End Sub
```

	A	B
1	1	
2	2	
3	3	
4		
5	5	
6	200	
7		

> **memo**
> Endプロパティは、実際にアクティブセルを移動するのではなく、移動するであろうセルを表します。

CurrentRegion プロパティ

セル範囲に値が代入されているとき、Ctrl + Shift + ＊キーを押すと、アクティブセルを含むひとかたまりのセル範囲が選択されます。このように、どこかのセルを含むひとかたまりのセル範囲を表すのが、CurrentRegionプロパティです。

```
Sub Macro16()
    Range("A1").CurrentRegion.Value = 100
End Sub
```

	A	B	C	D
1	A-101	A	100	
2	A-102	B	200	
3	A-103	C	300	
4	A-104	D	400	
5	A-105	E	500	
6				
7				

→

	A	B	C	D
1	100	100	100	
2	100	100	100	
3	100	100	100	
4	100	100	100	
5	100	100	100	
6				
7				

CurrentRegionで表されるセル範囲がどこになるかは、Ctrl + Shift + ＊キーを押して確認してください。

6-5 セルを表すその他の単語

セルを表すときは「Range」や「Cells」を使うことが多いです。しかし、それ以外にもセルを表す単語があります。

ActiveCell

ActiveCellは、現在の**アクティブセル**を表します。

```
Sub Macro17()
    ActiveCell.Value = 100
End Sub
```

アクティブセルとは、キーを打ったとき、それが入力されるセルです。Excelにはアクティブセルがひとつしかありません。アクティブセルが存在するワークシートを**アクティブシート**と呼び、アクティブシートが存在するブックを**アクティブブック**と呼びます。

Selection

ワークシート上では、複数のセルを選択できます。そのように、選択されているセルを表すのがSelectionです。ひとつのセルだけを選択している状態では、ActiveCellとSelectionは同じ単一セルを表します。

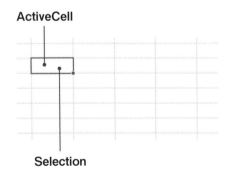
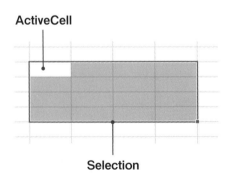

厳密には、Selectionはセルだけでなく「選択されているオブジェクト」を表します。たとえば、グラフを選択した状態では、選択されているグラフがSelectionで表されます。

```
Sub Macro18()
    Selection.Value = 100
End Sub
```

	A	B	C	D
1	100	100	100	
2	100	100	100	
3	100	100	100	
4	100	100	100	
5	100	100	100	
6				

Selectionで表されるセルは、単一のセルとは限りません。選択されている状況によっては、複数のセル（セル範囲）や、非連続のセルである場合もあります。Selectionに続けて「.様子」や「.命令」を操作すると、選択しているセルに対して同じ操作ができますが、操作によっては、セル範囲や非連続のセルに対応していない操作もあります。セル範囲や非連続のセル範囲に対して行えない操作をしたときは、マクロがエラーになります。

6-6 セルのメソッド

セルに対して、何らかのアクションを伴うような命令を実行するときはメソッドを使います。ここでは、それらの一部を解説します。

Activate メソッド

指定したセルにアクティブセルを移動します。

```
Sub Macro19()
    Range("B2").Activate
End Sub
```

	A	B	C
1			
2			
3			

Select メソッド

指定したセルを選択します。

```
Sub Macro20()
    Range("B2").Select
End Sub
```

	A	B	C
1			
2			
3			

単一のセルが対象だったとき、Activate メソッドと Select メソッドは同じ結果になります。これらは同じような動作をしますが、ケースによっては結果が異なります。

```
Sub Macro21()
    Range("A1:C3").Select
    Range("B2").Activate
End Sub
```

このコードは、まずセル範囲A1:C3を選択します。次に、選択状態はそのままで、アクティブセルだけをセルB2に移動します。セル範囲A1:C3の選択は解除されません。

```
Sub Macro22()
    Range("A1:C3").Select
    Range("B2").Select
End Sub
```

対して、このコードは、Range("A1:C3").Selectでセル範囲A1:C3が選択状態になりますが、次のRange("B2").SelectでセルB2を選択していますので、最初のセル範囲A1:C3の選択は解除されます。

Copyメソッド

Copyメソッドは、セルをコピーする命令です。Copyの書式は次の通りです。

コピー元のセル.Copy Destination:=コピー先のセル

Copyメソッドには、指定できるオプション（引数）が、コピー先を表すDestinationしかありません。このとき、VBAではオプション（引数）の名前と「:=」を省略して

コピー元のセル.Copy コピー先のセル

と書くことができます。

```
Sub Macro23()
    Range("A1").Copy Range("B1")
End Sub
```

	A	B	C
1	100	100	
2			
3			

Copyは、手動操作で Ctrl ＋ C （コピー）と Ctrl ＋ V （貼り付け）を行うのと同じ操作です。コピー元のセルに書式が設定されていたときは、書式も一緒にコピーされます。

```
Sub Macro24()
    Range("A1").Copy Range("B1")
End Sub
```

	A	B	C
1	*100*	*100*	
2			
3			

また、計算式が入力されているセルをコピーすると、計算結果ではなく計算式がコピーされ、計算式内で参照しているセルのアドレスが自動調整されます。

```
Sub Macro25()
    Range("B1").Copy Range("B2")
End Sub
```

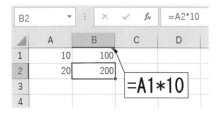

複数のセル（セル範囲）をコピーすることもできます。このとき、手動操作でコピーするのと同様に、コピー先には左上のセルをひとつだけ指定することでセル範囲がコピーされます。

```
Sub Macro26()
    Range("A1:B3").Copy Range("D2")
End Sub
```

	A	B	C	D	E	F
1	100	100				
2	100	100		100	100	
3	100	100		100	100	
4				100	100	
5						

ここまでのマクロを実行して分かるように、Copyメソッドはアクティブセルを移動させません。手動操作では

❶コピー元を選択する
❷選択したセルをコピーする
❸コピー先にアクティブセルを移動する
❹移動したセルに貼り付ける

という流れで操作しますが、これは手動操作の場合です。マクロは**手動操作の高速化**ではありません。マクロは、オブジェクト式などを使って、Excelに直接命令をする機能です。VBAでセルをコピーするときは手動操作と違い

❶コピー元のセルをコピー先にコピーする

と書くだけです。

Range("A1").Copy Range("B1")

このコードは、コピー元のセルにRange("A1")を指定し、コピー先のセルにRange("B1")を指定しています。これら2つのRangeは、どちらも「ブック - シート - セル」の階層構造が省略されて、いきなりセルだけを記述しています。だから、どちらのセルも「アクティブシートのセル」という意味になります。階層構造を省略せずに指定すれば、ほかのシートやほかのブックにコピーすることもできます。次のコードは、アクティブシートのセルA1を、Sheet2のセルB1にコピーします。

```
Sub Macro27()
    Range("A1").Copy Sheets("Sheet2").Range("B1")
End Sub
```

このとき、アクティブセルが移動しないのと同様に、アクティブシートも移動しません。次のコードは、Sheet2のセルA1をSheet3のセルB1にコピーします。

```
Sub Macro28()
    Sheets("Sheet2").Range("A1").Copy Sheets("Sheet3").Range("B1")
End Sub
```

このとき、アクティブシートは、Sheet2やSheet3である必要はありません。

もしExcel上で、複数のブックを開いているなら、ブック間でセルをコピーすることも可能です。ここでは、Excelで「Book1.xlsx」と「Book2.xlsx」を開いているとします。次のコードは、「Book1.xlsx」のSheet1のセルA1を、「Book2.xlsx」のSheet2のセルB1にコピーします。

```
Sub Macro29()
    Workbooks("Book1.xlsx").Sheets("Sheet1").Range("A1").Copy _
        Workbooks("Book2.xlsx").Sheets("Sheet2").Range("B1")
End Sub
```

ClearContents メソッド

ClearContentsメソッドは、セルに入力されている値や数式をクリアします。セルに、表示形式や背景色、文字色、罫線などの書式が設定されていた場合、それらの書式はクリアされずに保持されます。次のコードは、セルB2に入力されている値をクリアします。

```
Sub Macro30()
    Range("B2").ClearContents
End Sub
```

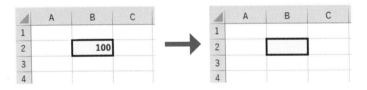

セル内の値や数式だけでなく、書式も含めてすべてをクリアするには、Clearメソッドを実行します。また、セル内の値や数式はそのままで、セルに設定した書式だけをクリアするには、ClearFormatsメソッドを実行します。

Delete メソッド

Delete メソッドは、指定したセルを削除します。Delete メソッドを実行すると、指定したセル内をクリアするのではなく、ワークシート上からセル自体を削除します。削除した後、周囲のセルをどちらの方向にシフトするかは、Delete メソッドの引数 Shift に指定する定数で決まります。

【引数 Shift に指定できる定数】

定数	意味
xlToLeft または xlShiftToLeft	セルは左にシフトする
xlUp または xlShiftUp	セルは上にシフトする

次のコードは、セル B3 を削除して、削除した後のセルを左にシフトします。

```
Sub Macro31()
    Range("B3").Delete Shift:=xlToLeft
End Sub
```

6-7 複数セル（セル範囲）の指定

セル範囲A1:C3を指定するとき、多くの場合はRange("A1:C3")と記述します。しかし、Rangeにはもうひとつの書き方があります。それは、

Range（左上のセル, 右下のセル）

という書式です。「左上セル」と「右下セル」には、"A1"や"C3"といったセルのアドレスだけでなく、セルそのもの(Rangeオブジェクト)を指定できます。たとえば、Range("A1:C3")は次のように記述できます。

```
Range(Range("A1"), Range("C3"))
Range(Cells(1, 1), Cells(3, 3))
```

実務では、データの量が分からないことが多いです。その、分からないセル範囲をフレキシブルに特定するには、このRange(左上セル, 右下セル)が欠かせません。

	A	B
1	コード	名前
2	A-101	山田
3	A-102	鈴木
4	A-103	佐藤
5	A-104	田中
6		
7		

ここだけをクリアしたい

上図で「B列のデータだけをクリアする」操作を考えてみましょう。操作の対象はセル範囲B2:B5ですが、実務ではデータの量が毎回異なるため、最下セルのB5が分からないことが多いです。そんなときは、次のように考えます。

　Range（左上セル, 右下セル）

左上セルは、セルB2で固定です。これをRangeで表します。

　Range(Range("B2"), 右下セル)

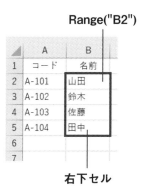

右下セル（ここではセルB5）は、Endモードを使うと「セルB1からEndモードで下に向かって移動して行き着くであろうセル」と考えられます。このEndモードは、次のように書けます。

Range("B1").End(xlDown)

これを「右下セル」に当てはめます。

Range(Range("B2"), Range("B1").End(xlDown))

これで、データの量が変わっても、B列のデータ範囲を特定できます。クリアするには、ClearContentsメソッドを使います。

Range(Range("B2"), Range("B1").End(xlDown)).ClearContents

実務では、データの量が毎回変わるのが普通です。そうした可変データを効率よく操作するために、Range(左上セル, 右下セル)の使い方を覚えておきましょう。

6-8 行や列の指定

操作の対象に、行全体や列全体を指定するには、いくつかの書き方があります。

行を指定する

● Rows(4)
行はRowオブジェクトで表されます。ワークシート内には行（Rowオブジェクト）がたくさんあります。それら行（Rowオブジェクト）の集合体がRowsコレクションです。Rows(4)は4番目の行を表します。

● Rows("4:6")
4行目から6行目までの3行分を指定するときは、行番号をコロン（:）でつなぎます。コロン（:）は数値ではなく文字列です。1文字でも"数値ではない"ものが含まれた場合、それは全体が文字列になります。文字列ですから、ダブルクォーテーションで囲みます。

● Range("4:6")
Rangeを使って行のセル全体を表すこともできます。Rangeでは、Range(4)という記述で行を指定することはできません。Rangeで4行目だけを指定する場合はRange("4:4")と書きます。

● Range("B4").EntireRow
実務で便利なのは、EntireRowプロパティを使う書き方です。EntireRowは任意のセル.EntireRowのように記述し「任意のセルを含む行全体」を表します。

セルB4を含む行全体

Range("B4").EntireRow

行全体に対して行う操作といえば、一般的に挿入や削除です。挿入にはInsertメソッドを使い、削除にはDeleteメソッドを使います。実務では、挿入や削除をする行があらかじめ決まっていないことが多く、対象となる行を何らかの方法で探すのが一般的です。このとき、実際に探すのはセルです。その見つかったセルから、Rows(4)の「4」や、Rows("4:4")の「"4:4"」に加工するのではなく、見つかったセルそのものを使って

見つかったセル.EntireRow

のように記述します。

> **memo**
> 厳密には、Rows(4)やRows("4:4")と、Range("4:4")は意味が異なります。Rows(4)やRows("4:4")は4行目という"行"を表していますが、Range("4:4")は4行目にあるすべての"セル"を表しています。通常は、どちらでも同じ結果になることが多いですが、たとえば行の高さを自動調整するAutoFitメソッドは"行"のメソッドです。"セル"にはAutoFitメソッドがありませんので、
>
> Rows(4).AutoFit
>
> は正常に動作しますが、
>
> Range("4:4").AutoFit
>
> はエラーになります。

列を指定する

● Columns(4)/Columns("D")

列はColumnオブジェクトで表されます。ワークシート内には列(Columnオブジェクト)がたくさんあります。それら列(Columnオブジェクト)の集合体がColumnsコレクションです。Columns(4)とColumns("D")は、どちらも4番目の列(D列)を表します。

● Columns("D:F")

D列からF列までの3列を表します。Columns("4:6")のように数値で指定することはできません。

● Range("D:F")

行と同じように、Rangeを使って列を表すことができます。単一の列を指定するときはRange("D:D")のように記述します。

● **Range("B4").EntireColumn**
任意のセルを使って列を指定するには、EntireColumnプロパティを使います。

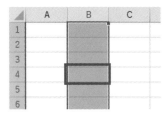

セルB4を含む列全体

Range("B4").EntireColumn

> **memo**
> 実務で使われる表は、一般的に上から下に向かってデータが入力されます。その場合、列は"項目"を表し、行が"データ"を表します。そのような場合、一般的に探すのはデータ（行）です。項目（列）を探すことは、あまりありません。したがって、行を操作するときには、探して見つかるであろうセルを使い、EntireRowで行を特定するのが便利です。対して列は、探さずに、決め打ちすることが多いです。なので列は、Columns(4)や、Range("D:D")のように直接列を記述することもあります。

7

ステートメント

ステートメントは、Excel を操作するオブジェクト式と違い、マクロの中で何かの働きをする命令です。条件分岐や繰り返しなど、マクロの動作を制御するものや、変数を宣言したり、コードの記述を簡素化するなど、さまざまな命令が用意されています。

7-1 For...Next ステートメント
7-2 If ステートメント
7-3 With ステートメント

7-1 For...Nextステートメント

For...Nextステートメントは、回数による繰り返しの命令です。For...Nextステートメントの書式は次の通りです。

```
For 変数名 = 初期値 To 終了値
    処理
Next 変数名
```

For...Nextステートメントでは必ず変数を使います。この変数の中に、初期値で指定した数値から、終了値で指定した数値までが順番に格納されます。For...Nextステートメントで使用する変数を**カウンタ変数**と呼びます。

> **memo**
> 「Next 変数名」は、変数名を省略して「Next」だけでも動作します。ただし、複数のFor...Nextステートメントが入れ子（ネスト）になっている場合、「Next」だけを見たとき、その「Next」がどの変数を増加させているのかが分かりにくくなります。変数名は記述するようにしましょう。

指定した回数だけ処理を繰り返す

For...Nextステートメントの変数は、一般的に「i」「j」「k」を使うことが多いです。また、変数には数値が格納されますので、型を指定するときはLong（長整数型）またはInteger（整数型）を指定しましょう。

簡単なコードで動作を確認してみましょう。次のマクロは、画面にMsgBoxで"VBA"という文字列を3回表示します。

```
Sub Macro1()
    Dim i As Long
    For i = 1 To 3
        MsgBox "VBA"
    Next i
End Sub
```

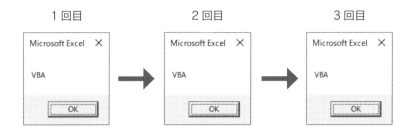

> **memo**
> ForとNextの間は、インデント（字下げ）します。

For...Nextステートメントは繰り返しの命令ですが、上記のように、ただ同じ処理を繰り返したいわけではありません。Excel VBAでFor...Nextステートメントを使うときの多くは、1ずつ増えていく「i」とCellsを組み合わせて、セルをひとつずつ操作します。

For...Nextステートメントの中で、変数「i」が1ずつ増加する様子を確認してみましょう。

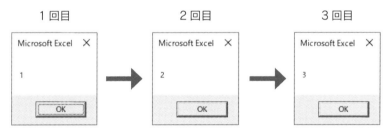

今度は画面に「1」「2」「3」と表示されます。For...Nextステートメントの中で、変数「i」が増加された証拠です。この"1ずつ増えていく"変数「i」と、Cellsを組み合わせます。

次のようなデータで考えてみましょう。セル範囲A1:A4に入力されている文字列を順番に処理します。それぞれのセルをRangeで表すと、次のようになります。

　　セルA1 → Range("A1") → "山田"
　　セルA2 → Range("A2") → "佐々木"
　　セルA3 → Range("A3") → "加藤"
　　セルA4 → Range("A4") → "菊池"

このRangeをCellsで表すと、次のようになります。

　　セルA1 → Range("A1") → Cells(1, 1)
　　セルA2 → Range("A2") → Cells(2, 1)
　　セルA3 → Range("A3") → Cells(3, 1)
　　セルA4 → Range("A4") → Cells(4, 1)

Cellsの書式はCells(行, 列)です。

　　Cells(1, 1)
　　Cells(2, 1)
　　Cells(3, 1)
　　Cells(4, 1)

の"行"部分に、1ずつ増えていく何か（■）を指定し、その何かが1→2→3→4と変化すれば、セルA1からセルA4までのセルを、ひとつずつ指し示すことができます。

　　Cells(■, 1)

その、1ずつ増えていく"何か"が、For...Nextステートメントの変数「i」です。変数iを1から4まで増やすには、次のように書きます。

```
Dim i As Long
For i = 1 To 4

Next i
```

ForとNextの間に、変数iを組み込んだCellsを記述します。

```
Sub Macro3()
    Dim i As Long
    For i = 1 To 4
        Cells(i, 1) に対する処理
    Next i
End Sub
```

下図の表は、セル範囲A1:A10に数値が入力されています。これらの数値を、それぞれ2倍してB列に入力するマクロは次のようになります。

	A	B
1	10	
2	20	
3	30	
4	40	
5	50	
6	60	
7	70	
8	80	
9	90	
10	100	

```
Sub Macro4()
    Dim i As Long
    For i = 1 To 10
        Cells(i, 2) = Cells(i, 1) * 2
    Next i
End Sub
```

	A	B
1	10	20
2	20	40
3	30	60
4	40	80
5	50	100
6	60	120
7	70	140
8	80	160
9	90	180
10	100	200

Cellsに指定している変数iが、1→2→3→4…と変化する様子をイメージしてください。

●変数の増減に関する指定

```
Dim i As Long
For i = 1 To 10

Next i
```

のように記述すると、変数iは1から10まで1ずつ増加します。「1ずつ」ではなく「2ずつ」増加させるには、終了値の後ろに**Step**を指定します。

```
Dim i As Long
For i = 1 To 10 Step 2

Next i
```

Stepを指定しないと「Step 1」が指定されたものとして、カウンタ変数は1ずつ増加します。

```
Sub Macro5()
    Dim i As Long
    For i = 1 To 10 Step 2
        Cells(i, 2) = Cells(i, 1) * 2
    Next i
End Sub
```

	A	B
1	10	20
2	20	
3	30	60
4	40	
5	50	100
6	60	
7	70	140
8	80	
9	90	180
10	100	
11		

Stepにマイナスの数値を指定すると、カウンタ変数を減らすことができます。

```
Dim i As Long
For i = 10 To 1 Step -1

Next i
```

Stepにマイナスの数値を指定して、カウンタ変数を減らしていくときは、初期値＞終了値になります。

データの件数が分からないとき

ワークシートに入力された表を、1セルずつ操作するときには、For...Nextステートメントを使います。一般的な表では、上から下に向かってデータが入力されていることが多いので、Cells(行, 列)の"行"に変数iを指定して、表を上から順番に操作するケースが多いです。このとき、データの量が分からないと、For...Nextステートメントの終了値を決められません。

表の最終行を求めるには、**Endモード**を使うことが多いです。Endモードに関しては「第6章 セルの操作」を参照してください。Endモードで取得できるのは、最後の"セル"です。For...Nextステートメントの終了値に必要なのは、セルそのものではなく、最終セルの"行番号"です。そこで、Endモードで取得したセルの行番号を調べます。任意のセルが何行目にあるかは、**Rowプロパティ**で取得できます。

```
Sub Macro6()
'上から下にEndモードする場合
    Dim i As Long, LastRow As Long
    LastRow = Range("A1").End(xlDown).Row
    For i = 1 To LastRow
        Cells(i, 2) = Cells(i, 1) * 2
    Next i
End Sub
```

```
Sub Macro7()
'下から上にEndモードする場合
    Dim i As Long, LastRow As Long
    LastRow = Cells(Rows.Count, 1).End(xlUp).Row
    For i = 1 To LastRow
        Cells(i, 2) = Cells(i, 1) * 2
```

次ページへ続く

```
    Next i
End Sub
```

複数のFor...Nextステートメントを使用する

● For...Nextステートメントを列挙する
ひとつのプロシージャの中で、複数のFor...Nextステートメントを使うとき、同じカウンタ変数を何度も使うことができます。

```
Dim i As Long
For i = 1 To 10

Next i
  :
  :
For i = 5 To 20

Next i
```

For...Nextステートメントのたびに、新しいカウンタ変数を使う必要はありません。

カウンタ変数は「For 変数 = 初期値 To 終了値」の行で初期化されます。上記のコードでは、2回目のFor...Nextステートメントが実行されると、変数は自動的に5からスタートします。

● For...Nextステートメントをネストする
For...Nextステートメントの中に、別のFor...Nextステートメントを記述することもできます。

```
Dim i As Long, j As Long
For i = 1 To 3
    For j = 1 To 5
        i と j を使った処理
    Next j
Next i
```

このとき、iという名前の変数は、外側のカウンタ変数として使用していますので、内側のカウンタ変数は、別の名前を使わなければなりません。上記のコードでは「For j = 1 To 5」から「Next j」までが3回繰り返されます。2つのカウンタ変数は、次のように変化します。

　　1回目：i = 1, j = 1
　　2回目：i = 1, j = 2
　　3回目：i = 1, j = 3
　　4回目：i = 1, j = 4
　　5回目：i = 1, j = 5
　　6回目：i = 2, j = 1
　　7回目：i = 2, j = 2
　　8回目：i = 2, j = 3
　　9回目：i = 2, j = 4
　10回目：i = 2, j = 5
　11回目：i = 3, j = 1
　12回目：i = 3, j = 2
　13回目：i = 3, j = 3
　14回目：i = 3, j = 4
　15回目：i = 3, j = 5

7-2 Ifステートメント

ある条件を指定して、その条件の結果に応じて処理を変えるやり方を**条件分岐**と呼びます。**Ifステートメント**は、条件分岐を表すステートメントで、いくつかの書き方があります。

```
【書式1】    If 条件 Then 処理
```

条件が正しかったとき、処理を行います。条件が正しくないときは、何もしません。「処理」は行末の改行までしか記述できないため、ひとつの処理しか指定できません。

```
【書式2】    If 条件 Then
                処理
             End If
```

条件が正しかったとき、処理を行います。条件が正しくないときは、何もしません。「処理」を複数行にわたって記述できるので、複数の処理を実行できます。

```
【書式3】    If 条件 Then
                処理1
             Else
                処理2
             End If
```

条件が正しかったとき処理1を行います。条件が正しくないときは処理2を行います。どちらの処理も複数行にわたって記述できるので、複数の処理を記述できます。

> **memo**
> IfステートメントではElseIfという書き方もできますが、本書では推奨しませんので触れません。

条件を指定する

条件には、次のような記述をします。

- セルA1 = 100
  セルA1の値が100だったら（セルA1が100と等しかったら）

- 変数A <> ""
  変数Aの値が空欄ではなかったら（変数Aの内容が空欄と等しくなかったら）

- セルB1 > 50
  セルB1の値が50より大きかったら

- 変数B < 10 + 20
  変数Bの値が30（10 + 20）より小さかったら

> **memo**
> 条件で使う「=」記号は、左辺と右辺が"等しい"という意味の記号です。

```
Sub Macro8()
    If Range("A1").Value > 50 Then
        Range("B1").Value = "Big"
    Else
        Range("B1").Value = "Small"
    End If
End Sub
```

	A	B
1	78	Big
2		

```
Sub Macro9()
    Dim i As Long
    For i = 1 To 5
        If Cells(i, 1).Value > 50 Then
            Cells(i, 2).Value = "Big"
        Else
            Cells(i, 2).Value = "Small"
        End If
    Next i
End Sub
```

	A	B
1	78	Big
2	34	Small
3	51	Big
4	87	Big
5	49	Small
6		

複数の条件を指定する

条件分岐に、複数の条件を指定することができます。複数の条件を指定するときは、それぞれの条件を **And** または **Or** で区切ります。

・If 条件1 And 条件2 Then
　条件1が正しい かつ 条件2が正しい だったら

・If 条件1 Or 条件2 Then
　条件1が正しい または 条件2が正しい だったら

条件は、右方向に3つ以上書くことも可能です。VBEのコードウィンドウは、1行に1024文字まで入力できるので、その制限内であれば記述できます。また、1行の中に、AndとOrを混在させることもできます。しかし、1行に多くの条件を指定したり、AndとOrが混在する書き方をすると、条件の意味が分かりにくくなるので注意しましょう。

```
Sub Macro10()
    Dim i As Long
    For i = 1 To 7
        If Cells(i, 1) = "山田" And Cells(i, 2) > 50 Then
            Cells(i, 3) = Cells(i, 2) * 2
        End If
    Next i
End Sub
```

	A	B	C
1	山田	45	
2	鈴木	51	
3	山田	69	138
4	田中	73	
5	山田	39	
6	佐藤	82	
7	山田	59	118
8			

```
Sub Macro11()
    Dim i As Long
    For i = 1 To 7
        If Cells(i, 1) <> "" Or Cells(i, 2) <> "" Then
            Cells(i, 3) = Cells(i, 1) + Cells(i, 2)
        End If
    Next i
End Sub
```

	A	B	C
1	76		76
2		48	48
3	69	94	163
4			
5		75	75
6			
7	95		95
8			

AndやOrを使って、ひとつの条件分岐に複数の条件を指定することができますが、同じ動作は、AndやOrを使わないでも記述できます。

「条件1 And 条件2」は、2つの条件がどちらも正しいときだけ処理を行います。どちらか一方でも条件が正しくなかったときは処理を行いません。そこで「条件1 And 条件2」は、次のように2つのIfステートメントを記述することで、同じ動作になります。

```
If 条件1 Then
    If 条件2 Then
        処理
    End If
End If
```

「条件1 Or 条件2」は、2つの条件のうち、少なくともどちらか一方が正しければ処理を行います。もちろん、両方の条件が正しいときも処理を行います。そこで「条件1 Or 条件2」は、次のように2つのIfステートメントを記述することで、同じ動作になります。

```
If 条件1 Then
    処理
End If
If 条件2 Then
    処理
End If
```

条件1の「処理」と条件2の「処理」に、同じ処理を記述するのがポイントです。場合分けで考えてみましょう。考えられるケースは4パターンです。

条件1＝○, 条件2＝×
最初の処理が実行され、次の処理は実行されません。

条件1＝×, 条件2＝○
最初の処理は実行されず、次の処理が実行されます。

条件1＝×, 条件2＝×
どちらの処理も実行されません。

条件1＝○, 条件2＝○
両方の処理が実行されます。今回のケースでは、同じ処理を2回繰り返しても、結果は同じです。同じ処理を2回繰り返してはいけないときは、2回目以降の処理が実行されないように、さらに条件分岐を加えます。

```
Sub Macro12()
    Dim i As Long
    For i = 1 To 7
        If Cells(i, 1) = "山田" Then
            If Cells(i, 2) > 50 Then
                Cells(i, 3) = Cells(i, 2) * 2
            End If
        End If
    Next i
End Sub
```

	A	B	C
1	山田	45	
2	鈴木	51	
3	山田	69	138
4	田中	73	
5	山田	39	
6	佐藤	82	
7	山田	59	118
8			

```
Sub Macro13()
    Dim i As Long
    For i = 1 To 7
        If Cells(i, 1) <> "" Then
            Cells(i, 3) = Cells(i, 1) + Cells(i, 2)
        End If
        If Cells(i, 2) <> "" Then
            Cells(i, 3) = Cells(i, 1) + Cells(i, 2)
        End If
    Next i
End Sub
```

	A	B	C
1	76		76
2		48	48
3	69	94	163
4			
5		75	75
6			
7	95		95
8			

実務では条件分岐の条件が複雑になることが多いです。AndやOrだけでなく、複数のIfステートメントを組み合わせて望む動作を実現する方法も検討してください。

7-3 Withステートメント

Withステートメントは、VBAの命令をまとめる働きをします。私たちが使う会話でも、同じ主語が何度も登場するときは主語を省略します。たとえば、山田さんの情報を誰かに伝えるとき、

　山田さんの出身は横浜で
　山田さんの身長は175センチで
　山田さんの性別は男性です

とは言いませんね。こういうとき、一般的には、

　山田さんは
　　出身が横浜で
　　身長が175センチで
　　性別が男性
　です

と言います。これは、最初に「山田さんは」と明言することで、この後に続く「出身」や「性別」などは、すべて「山田さんの」情報であると定めるようなものです。Withステートメントも同じように、何度も登場する主語（オブジェクト）を最初に明言して、続く情報（プロパティやメソッド）は、すべて明示した主語（オブジェクト）に関するものとします。先の例をWithステートメントで表すと次のようになります。

　With 山田さん
　　の出身 = 横浜
　　の身長 = 175
　　の性別 = 男性
　End With

Withステートメントは「With ○○」で始まり「End With」で終わります。「With」から「End With」までの間で、主語（オブジェクト）を省略していることを表すには、命令の先頭を「.(ピリオド)」で書き始めます。たとえば、Sheet2のセルA1は「Sheets("Sheet2").Range("A1")」と書きますが、これをWithステートメントで表すと次のように記述します。

```
With Sheets("Sheet2")
    .Range("A1").Value = "VBA"
End With
```

Rangeの前に「.」があることに留意してください。たとえ「With」～「End With」の間であっても、

```
With Sheets("Sheet2")
    Range("A1").Value = "VBA"
End With
```

のように「.」で始まらない命令は、Sheets("Sheet2")とは関係がないと認識されます。上のRange("A1")はワークシートの指定を省略していますので、アクティブシートのセルA1という意味になります。

Withステートメントによる主語（オブジェクト）の省略は、行頭だけではなく、「With」～「End With」の間であれば、次のように使うことも可能です。

```
With Range("A1")
    .Value = .Value + 1
End With
```

これは、

```
Range("A1").Value = Range("A1").Value + 1
```

と同じ意味です。

```
Sub Macro14()
    Dim i As Long
    For i = 1 To 7
        With Cells(i, 1)
            If .Value > 50 And .Value < 100 Then
                .Offset(0, 1).Value = .Value * 2
            End If
        End With
    Next i
End Sub
```

	A	B
1	52	104
2	48	
3	94	188
4	49	
5	75	150
6	54	108
7	44	
8		

```
Sub Macro15()
    Dim i As Long
    With Sheets("Sheet2")
        For i = 1 To 7
            Cells(i, 1) = .Cells(i, 1) + .Cells(i, 2)
        Next i
    End With
End Sub
```

Sheets("Sheet2")

	A	B
1	76	52
2	99	48
3	69	94
4	62	92
5	68	75
6	30	99
7	95	84
8		

ActiveSheet

	A	B
1	128	
2	147	
3	163	
4	154	
5	143	
6	129	
7	179	
8		

8

関数

関数は決まった計算や処理を行う命令です。実用的なマクロの多くは何らかの関数を使います。しかし、マクロ記録で関数は記録されません。VBAの関数は、覚えるしかありません。

8-1　日付や時刻を操作する関数

8-2　文字列を操作する関数

8-3　数値を操作する関数

8-4　データの種類を判定する関数

8-5　文字列の入出力に関する関数

8-1 日付や時刻を操作する関数

VBAの**関数**は、計算や処理の元になるデータを受け取り、いつも決まった計算や処理を行い、その結果を返します。セルに入力するワークシート関数と仕組みは同じです。計算や処理の元になるデータのことを**引数（ひきすう）**と呼びます。

ここでは、よく使う関数を解説します。なお、関数の引数は、よく使われるものだけを紹介します。

> **memo**
> ここでは、さまざまなサンプルマクロを紹介します。また、あえていろいろな書き方をします。どの記述が"正しい"ということはありません。

Now関数

Now関数は、現在の日時を返します。Now関数には引数がありません。

【書式】　Now

Now関数は日付と時刻の両方を返します。日付だけや時刻だけを取得したいときは、次のYear関数やHour関数などと合わせて使います。Now関数は引数がありませんので、引数を指定する括弧（）を省略できます。

> **memo**
> セル内で使用するワークシート関数には、Now関数のほかに、本日の日付だけを返すTODAY関数があります。VBAには、TODAY関数はありません。

```
Sub Macro1()
    Range("A1").Value = Now
End Sub
```

	A
1	2019/3/15 12:26
2	

Year関数、Month関数、Day関数

Year関数は、引数に指定した日付の年を表す数値を返します。
Month関数は、引数に指定した日付の月を表す数値を返します。
Day関数は、引数に指定した日付の日を表す数値を返します。

【書式】　　Year(日付)
　　　　　　Month(日付)
　　　　　　Day(日付)

Year関数は4桁の西暦年を返します。Month関数とDay関数は、数値が1桁のとき「02」ではなく「2」のように「0」の付かない数値を返します。西暦年の下2桁を取得したいときや、月や日の数値を「02」のように常に2桁で取得したいときは、文字列を操作するFormat関数と組み合わせて使います。Format関数を使うと、和暦や曜日を取得することもできます。

```
Sub Macro2()
    Range("B1").Value = Year(Range("A1").Value)
    Range("C1").Value = Month(Range("A1").Value)
    Range("D1").Value = Day(Range("A1").Value)
End Sub
```

	A	B	C	D
1	2019/3/15 12:26	2019	3	15
2				

Hour関数、Minute関数、Second関数

Hour関数は、引数に指定した時刻の時を表す数値を返します。
Minute関数は、引数に指定した時刻の分を表す数値を返します。
Second関数は、引数に指定した時刻の秒を表す数値を返します。

【書式】　　Hour(時刻)
　　　　　　Minute(時刻)
　　　　　　Second(時刻)

```
Sub Macro3()
    Range("B2").Value = Hour(Now)
    Range("C2").Value = Minute(Now)
    Range("D2").Value = Second(Now)
End Sub
```

	A	B	C	D
1	2019/3/15 12:26	2019	3	15
2		12	26	9

DateSerial関数

DateSerial関数は、年月日を表す3つの数値から、日付データ（シリアル値）を返します。いわゆる、日付を"作る"関数です。

【書式】　DateSerial(年, 月, 日)

```
Sub Macro4()
    MsgBox DateSerial(Range("B1"), Range("C1"), Range("D1"))
End Sub
```

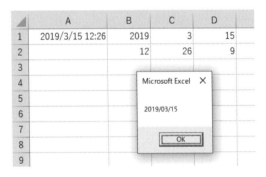

```
Sub Macro5()
    MsgBox DateSerial(Year(Range("A1")), Month(Range("A1")) + 1, 1)
End Sub
```

	A	B	C	D
1	2019/3/15 12:26	2019	3	15
2		12	26	9

Microsoft Excel

2019/04/01

OK

8-2 文字列を操作する関数

Len関数

Len関数は、引数に指定した文字列の文字数（長さ）を返します。

【書式】　　Len（文字列）

```
Sub Macro6()
    Range("A2").Value = Len(Range("A1").Value)
End Sub
```

	A	B
1	山田ABC	
2	5	
3		
4		

Len関数の引数に直接数値を指定するとエラーになります。ただし、数値が入力されているセルや、数値が格納されている変数を引数に指定した場合は、数値の桁数を返します。これは、VBAが自動的に引数の数値を文字列に変換してくれるからです。

```
Sub Macro7()
    MsgBox Len(2019)    'エラーになります
End Sub
```

```
Sub Macro8()
    Dim N As String
    N = 2019
    MsgBox Len(N)
End Sub
```

```
Sub Macro9()
    Range("A1").Value = 2019     ← A1に2019を代入
    MsgBox Len(Range("A1").Value) ← 代入したA1内の文字数を表示。
End Sub
```

Left関数、Right関数、Mid関数

Left関数は、引数に指定した文字列の左端から指定した文字数分の文字列を返します。
Right関数は、引数に指定した文字列の右端から指定した文字数分の文字列を返します。
Mid関数は、引数に指定した文字列のうち、開始位置で指定した位置から、文字数で指定した文字数分の文字列を返します。

Mid関数は、引数「文字数」を省略すると、引数「開始位置」から後ろ全部を返します。

【書式】　　Left(文字列, 文字数)
　　　　　　Right(文字列, 文字数)
　　　　　　Mid(文字列, 開始位置, 文字数)

```
Sub Macro10()
    MsgBox Left("東京都", 2)
End Sub
```

```
Sub Macro11()
    Dim i As Long
    For i = 1 To 7
        Cells(i, 2) = Right(Cells(i, 1), 1)
    Next i
End Sub
```

	A	B
1	A123-D	D
2	B234-E	E
3	A345-F	F
4	B456-G	G
5	A567-H	H
6	B678-I	I
7	A789-J	J
8		

```
Sub Macro12()
    Dim i As Long
    For i = 1 To 7
        If Left(Cells(i, 1), 1) = "A" Then
            Cells(i, 3) = Cells(i, 2) * 2
        End If
    Next i
End Sub
```

	A	B	C
1	A123-D	220	440
2	B234-E	146	
3	A345-F	847	1694
4	B456-G	303	
5	A567-H	136	272
6	B678-I	876	
7	A789-J	216	432
8			

```
Sub Macro13()
    Dim i As Long
    For i = 1 To 7
        Cells(i, 2) = Mid(Cells(i, 1), 2, 3)
    Next i
End Sub
```

	A	B
1	A123-D	123
2	B234-E	234
3	A345-F	345
4	B456-G	456
5	A567-H	567
6	B678-I	678
7	A789-J	789
8		

LCase関数、UCase関数

LCase関数は、引数に指定したアルファベットを小文字にします。
UCase関数は、引数に指定したアルファベットを大文字にします。

【書式】　　LCase(文字列)
　　　　　　UCase(文字列)

```
Sub Macro14()
    Range("A2").Value = UCase(Range("A1").Value)
End Sub
```

	A
1	vba
2	VBA
3	
4	

```
Sub Macro15()
    Dim i As Long
    For i = 1 To 7
        If Left(UCase(Cells(i, 1)), 1) = "A" Then
            Cells(i, 3) = Cells(i, 2) * 2
        End If
    Next i
End Sub
```

	A	B	C
1	A123-D	56	112
2	B234-E	51	
3	a345-F	90	180
4	B456-G	38	
5	a567-H	80	160
6	B678-I	91	
7	A789-J	84	168
8			

LTrim関数、RTrim関数、Trim関数

LTrim関数は、引数に指定した文字列の左端にあるスペースを取り除きます。
RTrim関数は、引数に指定した文字列の右端にあるスペースを取り除きます。
Trim関数は、引数に指定した文字列の両端にあるスペースを取り除きます。

【書式】　　LTrim(文字列)
　　　　　　RTrim(文字列)
　　　　　　Trim(文字列)

```
Sub Macro16()
    Dim i As Long
    For i = 1 To 5
        Cells(i, 2) = LTrim(Cells(i, 1))
    Next i
```

End Sub

	A	B
1	VBA	VBA
2	VBA	VBA
3	VBA	VBA
4	VBA	VBA
5	VBA	VBA
6		

Replace関数

Replace関数は、引数に指定した文字列の中で、引数「検索文字列」で指定した文字列を、引数「置換文字列」に置き換えます。Replace関数は、文字列の中から不要な部分を除去するときによく使います。検索文字列を、空欄（""）に置換すると、結果的に検索文字列だけを除去できます。

【書式】　　Replace(文字列，検索文字列，置換文字列)

```
Sub Macro17()
    Dim i As Long
    For i = 1 To 7
        Cells(i, 2) = Replace(Cells(i, 1), "-A", "")
    Next i
End Sub
```

	A	B
1	11797-A	11797
2	7199-A	7199
3	71399-A	71399
4	4928-A	4928
5	25619-A	25619
6	7272-A	7272
7	21410-A	21410
8		

InStr関数

InStr関数は、引数に指定した文字列の中で、引数「検索文字列」が存在する位置を数値で返します。InStr関数を単独で使用するケースは希です。一般的には、InStr関数で調べた位置をMid

関数などの引数に指定します。また「検索文字列」が存在しないと、InStr関数は「0」を返しますので、文字列の中に、ある文字が含まれているかどうかを調べるときにも使われます。

【書式】　　InStr(文字列, 検索文字列)

```
Sub Macro18()
    Dim i As Long
    For i = 1 To 7
        Cells(i, 2) = Mid(Cells(i, 1), InStr(Cells(i, 1), "-") + 1)
    Next i
End Sub
```

Mid関数は、元の文字列の、開始位置から指定した文字数分の文字列を抜き出す関数です。上記のコードでは、元の文字列に「Cells(i, 1)」を指定しています。開始位置は、元の文字列内に存在する「-」の位置です。これをInStr関数で調べます。InStr関数で取得できるのは「-」の位置です。ここで抜き出したいのは「-」の"次の文字"以降です。そこで、InStr関数で判明した「-」の位置に1を加えています。Mid関数は、3番目に指定する引数「文字数」を省略すると、元の文字列の「後ろ全部」を抜き出します。その特性を利用して、上記コードでは3番目の引数を省略しています。

	A	B
1	A-1234	1234
2	AB-234	234
3	C-34567	34567
4	ABC-45	45
5	BC-5678	5678
6	B-6789	6789
7	BCD-7	7
8		

```
Sub Macro19()
    Dim i As Long, N As Long
    For i = 1 To 7
        N = InStr(Cells(i, 1), " ")
        If N = 0 Then
            Cells(i, 2) = "×"
        Else
            Cells(i, 2) = Left(Cells(i, 1), N - 1)
            Cells(i, 3) = Mid(Cells(i, 1), N + 1)
        End If
    Next i
```

End Sub

上記コードは、まずInStr関数で「半角スペース（" "）」の位置を調べ、その結果（位置）を変数Nに入れています。もしInStr関数の結果が0だったら、その文字列内に「半角スペース（" "）」は存在しません。「半角スペース（" "）」が存在した場合は、「半角スペース（" "）」の左側と右側を別々に抜き出します。左側を抜き出すのはLeft関数です。ただし、抜き出したいのは「半角スペース（" "）」の"1文字前"までですから、変数Nから1を引いています。右側を抜き出すのはMid関数です。もし抜き出す文字数が分かっていたらRight関数で対応できますが、今回は抜き出す文字数が不定です。そこでMid関数を使います。Mid関数は、3番目の引数「文字数」を省略すると、右側すべてを返します。Mid関数の引数「開始位置」は、InStr関数で調べた「半角スペース（" "）」の"次の文字"ですから、変数Nに1を加えています。

	A	B	C
1	永田 慎也	永田	慎也
2	上野啓介	×	
3	山田 亨	山田	亨
4	藤本 拓磨	藤本	拓磨
5	小山花子	×	
6	後藤 壮一郎	後藤	壮一郎
7	工藤 真一	工藤	真一
8			

StrConv関数

StrConv関数は、引数で指定した文字列の文字種を変換します。

【書式】　　StrConv(文字列, 文字種)

引数「文字種」には、次の定数を指定できます。

定数	変換方法
vbUpperCase	文字列を大文字に変換する
vbLowerCase	文字列を小文字に変換する
vbProperCase	文字列の各単語の先頭の文字を大文字に変換する
vbWide	文字列内の半角文字を全角文字に変換する
vbNarrow	文字列内の全角文字を半角文字に変換する
vbKatakana	文字列内のひらがなをカタカナに変換する
vbHiragana	文字列内のカタカナをひらがなに変換する
vbUnicode	文字列をUnicodeに変換する
vbFromUnicode	文字列をシステムの既定のコードページに変換する

```
Sub Macro20()
    MsgBox StrConv("トウキョウ", vbHiragana)
End Sub
```

Format関数

Format関数は、引数に指定した数値や日付などを、引数「書式」を適用した結果を返します。

【書式】　Format(元の値，書式)

引数「書式」には、[セルの書式設定] ダイアログボックスの [表示形式] タブで指定する書式記号を指定します。

> **重要** 使用できない書式記号もあります。

「書式」に指定する主な書式記号は次の通りです。

書式記号	表示形式
#	1桁の数値を表す
0	1桁の数値を表す。存在しない桁は0で埋められる
,	桁区切り記号を表す
yy	西暦年の下2桁を表す
yyyy	4桁の西暦年を表す
m	月の数値を表す
mm	月の数値を表す。1桁の場合は0が付く
d	日の数値を表す
dd	日の数値を表す。1桁の場合は0が付く
aaa	日本語の曜日の先頭1文字を表す
aaaa	日本語の曜日を3文字で表す
ddd	英語の曜日の先頭3文字を表す
dddd	英語の曜日を表す

書式記号	表示形式
ww	その日が1年のうちで何週目に当たるかを表す数値を表す
y	その日が1年のうちで何日目に当たるかを数値で返す
oooo	月の名前を日本語で表す
q	1年のうちで何番目の四半期に当たるかを表す数値を表す
g	年号を示すアルファベットを表す
gg	年号の先頭1文字を表す
ggg	年号を表す
e	和暦年を表す
ee	和暦年を表す。1桁の場合は0が付く
h	時の数値を表す
hh	時の数値を表す。1桁の場合は0が付く
m	分の数値を表す
mm	分の数値を表す。1桁の場合は0が付く
s	秒の数値を表す
ss	秒の数値を表す。1桁の場合は0が付く

書式記号の「m」「mm」は、日付を表す「yyyy」や「d」と同時に指定したとき月の数値を表し、「h」や「s」など時刻を表す書式記号と同時に指定したとき分の数値を表します。

```
Sub Macro21()
    MsgBox Format(Now, "yyyymmdd")
    MsgBox Format(Now, "aaaa")
    MsgBox Format(Now, "ggge年m月")
End Sub
```

```
Sub Macro22()
    Dim i As Long
    For i = 1 To 7
        If Format(Cells(i, 1), "aaa") = "月" Then
            Cells(i, 3) = Cells(i, 2) * 2
        End If
    Next i
```

次ページへ続く

End Sub

Excelは日付をシリアル値で管理しています。シリアル値とは、1900年1月1日を1として、それ以降1日経過するごとに1ずつ増加する連続した数値です。シリアル値自体は単なる数値ですが、Excelはそれを調べることで、その日付の年月日や、曜日を取得できます。セルの表示形式は、そうした年月日や曜日などの情報をセルに表示する仕組みです。Format関数は、その表示形式を、いわば"シミュレーション"する関数です。実際に、セルに表示形式を設定するのではなく「もし、この表示形式を設定したら、どう表示されるか」を調べます。上記のコードでは、A列の日付に対して「もし"aaa"という表示形式を設定したら」を調べています。"aaa"は曜日の先頭1文字を表します。その結果が"月"だったら、その日付は月曜日であると分かります。

	A	B	C
1	2019/3/1	45	
2	2019/3/11	51	102
3	2019/3/9	76	
4	2019/3/4	24	48
5	2019/3/5	26	
6	2019/3/18	42	84
7	2019/3/7	59	
8			

8-3 数値を操作する関数

Int関数

Int関数は、数値の小数部を切り捨てて整数部を返します。

【書式】　Int(数値)

```
Sub Macro23()
    Dim i As Long
    For i = 1 To 7
        Cells(i, 2) = Int(Cells(i, 1))
    Next i
End Sub
```

	A	B
1	62.56	62
2	53.17	53
3	33.28	33
4	68.84	68
5	52.14	52
6	36.16	36
7	60.19	60

Round関数

Round関数は、数値の小数部を四捨五入した結果を返します。「桁位置」には、四捨五入する小数の位置を指定します。小数第1位が「0」小数第2位が「1」の順で指定します。

【書式】　Round(数値，桁位置)

```
Sub Macro24()
    Dim i As Long
    For i = 1 To 7
        Cells(i, 2) = Round(Cells(i, 1), 0)
        Cells(i, 3) = Round(Cells(i, 1), 1)
    Next i
End Sub
```

	A	B	C
1	62.56	63	62.6
2	53.17	53	53.2
3	33.28	33	33.3
4	68.84	69	68.8
5	52.14	52	52.1
6	36.16	36	36.2
7	60.19	60	60.2

Abs関数

Abs関数は、数値の絶対値を返します。

【書式】　Abs(数値)

```
Sub Macro25()
    Dim i As Long
    For i = 1 To 7
        Cells(i, 2) = Abs(Cells(i, 1))
    Next i
End Sub
```

	A	B
1	42	42
2	-36	36
3	25	25
4	-57	57
5	52	52
6	-91	91
7	39	39

8-4 データの種類を判定する関数

IsNumeric関数

引数に指定した値が数値だったときにTrueを返し、数値ではなかったときにFalseを返します。

【書式】　　IsNumeric(値)

```
IsNumeric(100)
```

はTrueを返します。

```
IsNumeric("VBA")
```

はFalseを返します。では、次はどうでしょう。

```
IsNumeric("100")
```

引数に指定した"100"は、ダブルクォーテーションで囲まれているので文字列です。しかし、IsNumeric関数はTrueを返します。これは、文字列の"100"は数値の100に変換できるため、VBAが内部で数値に変換したためです。このように、文字列型を自動的に数値型へと変換してくれる仕組みを**自動型変換**あるいは**自動型キャスト**などと呼びます。

このように、たとえ文字列型であっても、それが数値に変換できる内容であれば、できる限り数値に変換して計算するという「自動型変換」が、VBAの特徴のひとつです。これは、良いとか悪いではなく、VBAにはそういう特徴があるということです。したがって、この特徴を上手に利用するのがマクロを作る上で必要であり、同時に、この特徴を理解して、不要なトラブルを防ぐ注意が重要です。

> **memo**
>
> VBAでは、数値型から文字列型への自動型変換も行われます。後述するMsgBox関数は、表示するメッセージを指定する引数「文字列」に、文字列型を指定することになっています。しかし「MsgBox 100」や「MsgBox 100 + 200」は正常に動作します。これは、内部で数値型が文字列型に自動型変換されるためです。

Excelでは、日付をシリアル値で扱います。つまり、日付の実体は数値です。しかし、IsNumeric関数の引数に日付を指定すると、Falseが返ります。

```
IsNumeric(Now) 'False
```

値が日付かどうかを判定するには、次のIsDate関数を使います。

IsDate関数

引数に指定した値が日付だったときにTrueを返し、日付ではなかったときにFalseを返します。

【書式】 IsDate(値)

Excelは、日付と時刻をシリアル値で扱っているので、正確にはIsDate関数で判定できる値は、日付または時刻です。

```
IsDate("VBA")
IsDate(100)
```

は、いずれもFalseを返します。

```
IsDate("2018/11/3")
```

はTrueを返します。

> **memo**
>
> 「IsDate("2018/11/3")」も実際には、文字列型の"2018/11/3"をVBAが内部で日付型に自動型変換しています。マクロのコード中に直接日付型の値を記述するときは、本来は、「#11/3/2018#」のように月日年を"#"で囲みます。しかし一般的に日付は「"2018/11/3"」と文字列型で記述することが多く、VBAがそれを内部で日付型に変換しています。IsDate関数がTrueを返すのは、VBAが内部で日付型に変換できるような形式です。

IsDate関数がTrueを返すのは、Excelがそれを日付と認識できる形式です。これは、その文字列をセルに代入したとき、シリアル値に変換されるかどうかで確認できます。

```
IsDate("2018/11/3")
IsDate("2018-11-3")
IsDate("2018年11月3日")
IsDate("平成30年11月3日")
IsDate("11/3")
IsDate("2018/11")
```

これらはいずれもTrueを返します。

8-5 文字列の入出力に関する関数

MsgBox関数

MsgBox関数は、引数に指定した文字列を画面に表示します。ユーザーが操作できるボタンやアイコンを指定することができ、ユーザーがどのボタンをクリックしたかを返します。

【書式】　MsgBox(文字列, ボタンとアイコン, タイトル)

引数「ボタンとアイコン」に指定できる主な定数は次の通りです。

ボタンに関する定数

vbOKOnly	[OK] ボタンのみを表示する
vbOKCancel	[OK] ボタンと [キャンセル] ボタンを表示する
vbAbortRetryIgnore	[中止]、[再試行]、および [無視] の3つのボタンを表示する
vbYesNoCancel	[はい]、[いいえ]、および [キャンセル] の3つのボタンを表示する
vbYesNo	[はい] ボタンと [いいえ] ボタンを表示する
vbRetryCancel	[再試行] ボタンと [キャンセル] ボタンを表示する
vbDefaultButton1	第1ボタンを標準ボタンにする
vbDefaultButton2	第2ボタンを標準ボタンにする
vbDefaultButton3	第3ボタンを標準ボタンにする

アイコンに関する定数

vbCritical	警告メッセージアイコンを表示する
vbQuestion	問い合わせメッセージアイコンを表示する
vbExclamation	注意メッセージアイコンを表示する
vbInformation	情報メッセージアイコンを表示する

複数の定数を指定するときは、定数を加算します。

```
Sub Sample()
    MsgBox "処理を続けますか?", vbYesNo + vbQuestion
End Sub
```

引数「ボタンとアイコン」と、引数「タイトル」は省略できます。引数「ボタンとアイコン」を省略すると、定数vbOKOnlyが指定されたものとします。引数「タイトル」を省略するとタイトルに"Microsoft Excel"が表示されます。

● ユーザーの操作を判定する

MsgBox関数は、ユーザーがどのボタンをクリックしたかを返す関数です。[はい] ボタンや [いいえ] ボタンなどを表示して、ユーザーに処理を選択させるときなどに使います。あるいは、ただ文字列を表示して、ユーザーにメッセージを伝える目的でも使用します。その場合は、MsgBox画面を閉じるための [OK] ボタンだけを表示します。[OK] ボタンだけを表示する場合は、ユーザーが選択できるボタンがひとつしかありませんから「どのボタンをクリックしたか」を判別する必要がありません。

複数のボタンを表示したとき → 関数の戻り値で結果を判定する → 戻り値を受け取る
[OK] ボタンだけを表示したとき → 関数の戻り値は必要ない → 戻り値を受け取らない

VBAでは、関数の戻り値を受け取るときは、関数の引数を「括弧で囲む」。戻り値を受け取らないときは関数の引数を「括弧で囲まない」という決まりがあります。

```
Dim A As Long
A = MsgBox "メッセージ", vbYesNo    '文法エラーが発生する
```

引数「ボタンとアイコン」に定数vbYesNoを指定しているので、[はい] ボタンと [いいえ] ボタンが表示されます。この場合、ユーザーがどちらのボタンをクリックしたかによって、その後の処理を分けますので、MsgBox関数の戻り値を使います。関数の戻り値を使う（受け取る）ときは、関数の引数を括弧で囲まなければいけません。

```
Dim A As Long
A = MsgBox("メッセージ", vbYesNo)    '正しい記述
```

では、戻り値を受け取らないケースを考えてみましょう。

```
MsgBox("メッセージ")    '間違った記述
```

引数「ボタンとアイコン」を省略していますので、この画面には［OK］ボタンだけが表示されます。ユーザーは［OK］ボタンをクリックすることしかできませんから、どのボタンをクリックしたかを判定する必要がありません。関数の戻り値を使わない（受け取らない）ときは、関数の引数を括弧で囲ってはいけません。

```
MsgBox "メッセージ"    '正しい記述
```

MsgBox関数は次の定数を返します。

戻り値に関する定数

vbOK	［OK］ボタンがクリックされた
vbCancel	［キャンセル］ボタンがクリックされた
vbAbort	［中止］ボタンがクリックされた
vbRetry	［再試行］ボタンがクリックされた
vbIgnore	［無視］ボタンがクリックされた
vbYes	［はい］ボタンがクリックされた
vbNo	［いいえ］ボタンがクリックされた

定数の実体は数値です。MsgBox関数の戻り値を受け取って変数に格納するときは、受け取る変数の型をLong型（長整数型）やInteger（整数型）で宣言します。定数に関しては「第3章 変数と定数」を参照してください。

```
Dim A As Long
A = MsgBox("メッセージ", vbYesNo)
If A = vbYes Then
    '[はい]ボタンがクリックされた
Else
    '[いいえ]ボタンがクリックされた
End If
```

MsgBox画面に表示されるボタンは、マウスのクリックだけでなく、Enterキーを押すことで「ボタンがクリックされた」とみなすことができます。［はい］ボタンや［いいえ］ボタンなど、複数のボタンが表示されているとき、Enterキーで「クリックされた」とみなされるのは、そのとき選択状態にあるボタンです。どのボタンを選択状態にするかは、定数vbDefaultButton1や定数vbDefaultButton2などで指定します。

```
Sub Macro26()
    Dim A As Long
```

```
    A = MsgBox("メッセージ", vbYesNo + vbDefaultButton1)
    A = MsgBox("メッセージ", vbYesNo + vbDefaultButton2)
End Sub
```

文字列の途中で改行することも可能です。下図のMsgBoxは、"東京都"と"千代田区"の間で改行されています。

これは実際には、"東京都"と"千代田区"の間に、目に見えない**改行コード**が存在しているからです。文字列の中で改行するときは、改行したい位置に定数**vbCrLf**を指定します。

```
MsgBox "東京都" & vbCrLf & "千代田区"
```

> **memo**
> VBAで定義されている、改行コードを表す定数は、vbCrLfのほかにvbCrやvbLfなどがあります。複数の改行コードが定数として定義されているのは、使用しているOSの種類や、使用する場所などによって改行コードが異なるからです。

```
Sub Macro27()
    Dim A As Long
    A = MsgBox("処理を続けますか?", vbYesNo + vbQuestion)
    If A = vbYes Then
        MsgBox "処理を続けます"
    Else
        MsgBox "処理を中止します"
    End If
End Sub
```

次ページへ続く

InputBox関数

InputBox関数は、ユーザーが文字列を入力できるダイアログボックスを表示し、ユーザーが入力した文字列を返します。

【書式】　　InputBox(メッセージ，タイトル，最初に表示する文字列)

引数「タイトル」と引数「最初に表示する文字列」は省略できます。引数「タイトル」を省略するとタイトルに"Microsoft Excel"が表示されます。引数「最初に表示する文字列」を省略すると、入力テキストボックスは空欄で表示されます。引数「最初に表示する文字列」に任意の文字列を指定すると、指定した文字列が入力された状態で表示されます。引数「メッセージ」と引数「最初に表示される文字列」の2つだけを指定する場合は、引数「タイトル」を省略したことを示すため、区切りのカンマを記述します。

```
InputBox(メッセージ，，最初に表示する文字列)
```

InputBoxは文字列を返します。そこで、InputBoxの戻り値を受け取る変数は文字列型を指定します。

```
Dim A As String
A = InputBox("数値を入力してください")
```

受け取る変数を長整数型など数値を格納できる型にした場合、ユーザーが正しく数値を入力したときは正常に動作します。

```
Dim A As Long
A = InputBox("数値を入力してください")
```

しかし、ユーザーは何を入力するか分かりません。もし文字列を入力して［OK］ボタンがクリックされたら、エラーになります。

InputBoxでユーザーが［キャンセル］ボタンをクリックすると、空欄（""）が返ります。キャンセルされたかどうかは、戻り値が空欄かどうかを判定します。

```
Sub Macro28()
    Dim A As String
    A = InputBox("数値を入力してください")
    If A = "" Then
        MsgBox "キャンセルされました"
    Else
        Range("A1") = A
    End If
End Sub
```

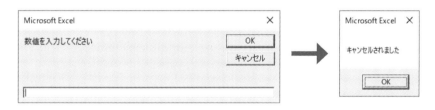

```
Sub Macro29()
    Dim A As String
    A = InputBox("日付を入力してください")
    If A <> "" Then
        If IsDate(A) = False Then
            MsgBox A & vbCrLf & "は日付形式ではありません", vbExclamation
        Else
            Range("A1") = A
            Range("B1") = Format(A, "aaaa")
        End If
    End If
End Sub
```

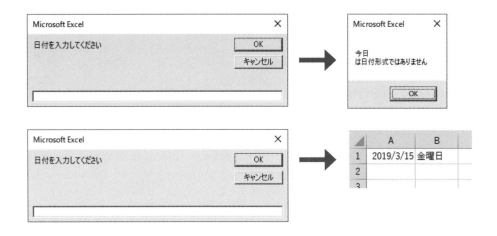

9

シートとブックの操作

Excel の操作はセルを扱う機会が多いです。セルは必ずどこかのシートに属しています。そして、シートは必ずブックに属しています。したがって、セルを扱うには、シートとブックも適切に操作しなければなりません。

9-1 シートの操作
9-2 ブックの操作

9-1 シートの操作

シートを指定する

シートを指定するときは、**Sheets** という単語を使います。Sheetsの引数に、シートの名前またはシートの位置を表す数値を指定します。

```
Sheets("Sheet1")
Sheets(1)
```

シートの位置を表す数値は、ブック内で左から順に1,2,3…のように番号が振られます。非表示のシートであっても、表示されているシートと同様に番号が振られます。

Sheet1：表示 → 1
Sheet2：非表示 → 2
Sheet3：表示 → 3

シートの位置を表す数値は恒常的な意味ではなく、単に「左から何番目にあるか」を示しているに過ぎません。シートの位置が移動すれば番号も変わります。

ワークシートを指定するときは、

```
Worksheets("Sheet1")
Sheets("Sheet1")
```

という2つの書き方があります。

Excelには「○○シート」が4種類あります。

ひとつは最もよく使われる「ワークシート」です。ほかにも、グラフを描画する「グラフシート」や、Excel 4.0のマクロを記述するための「マクロシート」、Excel 5.0／95で使われていた「ダイアログシート」があります。Worksheets("Sheet1")というのは、これら4種類のうち「ワークシート」だけに注目して、**ワークシートの中で"Sheet1"という名前のシート**という意味です。一方のSheetsは、「ワークシート」「グラフシート」「マクロシート」「ダイアログシート」すべてを指します。Sheets("Sheet1")というのは、**すべてのシートの中で"Sheet1"という名前のシート**を表します。

現在では「マクロシート」と「ダイアログシート」を使っているブックは存在しないと言ってもいいでしょう。そして、グラフを描画する専用の「グラフシート」も、ほとんど使われていません。であるなら、現実的には、WorksheetsとSheetsを使い分ける必要はほとんどないということです。

● アクティブシート

セルを指定するときに、多くはRangeやCellsを使いますが、アクティブセルを表す単語として**ActiveCell**があります。同様に、現在のアクティブシートを表すときは、**ActiveSheet**と記述します。

```
Sub Macro1()
    MsgBox ActiveSheet.Name
End Sub
```

● **すべてのシートを順に操作する**

すべてのシートを操作するときは、For...Nextステートメントを使います。もし［Sheet1］［Sheet2］［Sheet3］の3枚のシートがあったとき、これらのシートは次のように表されます。

　Sheet1 → Sheets(1)
　Sheet2 → Sheets(2)
　Sheet3 → Sheets(3)

すべてのシートを操作するということは

　Sheets(1)を操作する
　Sheets(2)を操作する
　Sheets(3)を操作する

ですから、Sheets(■)の■部分に、1から3まで変化するものを指定します。最初の1は固定です。左端のシートを表す数値は常に1です。最後の3は、シートの個数です。これは、Sheets.Countで取得できます。次のコードは、すべてのシートのセルA1に100を代入します。

```
Sub Macro2()
    Dim i As Long
    For i = 1 To Sheets.Count
        Sheets(i).Range("A1") = 100
    Next i
End Sub
```

> **memo**
> もしブック内にグラフシートが存在していて、それらの中でワークシートだけを対象にしたいのなら、Sheets.CountではなくWorksheets.Countとします。

すべてのシートのうち、シートの名前が「売上~」で始まるシートだけを操作したいのなら、次のように判定します。

```
Sub Macro3()
    Dim i As Long
    For i = 1 To Sheets.Count
        If Left(Sheets(i).Name, 2) = "売上" Then
            Sheets(i).Range("A1") = 100
        End If
    Next i
End Sub
```

ブック内に「合計」という名前のシートが存在するかどうかを調べるには、すべてのシートの名前を調べます。

```
Sub Macro4()
    Dim i As Long
    For i = 1 To Sheets.Count
        If Sheets(i).Name = "合計" Then
            MsgBox "存在します"
        End If
    Next i
End Sub
```

シートを開く

シートを開く（アクティブシートを切り替える）ときには、**Select メソッド**または **Activate メソッド**を使います。

```
Sheets("Sheet1").Select
Sheets("Sheet1").Activate
```

両者は、ほぼ同じ結果になりますが、厳密に言うと、Selectは指定したシートを「選択する」命令で、Activateは指定したシートを「アクティブシートにする」命令です。アクティブシートとは、

アクティブセルが存在しているシートのことです。Excel上に、アクティブセルは常にひとつしかありません。したがって、アクティブシートも１枚しか存在しません。Activateは、そのアクティブシートを切り替える命令です。

Selectは、シートを選択状態にします。指定したシートが１枚だけの場合、シートを選択すると、選択したシートがアクティブシートになります。これは、Activateと同じ結果です。しかしExcelでは、複数のシートを選択状態にできます。手動操作で複数シートを選択状態にするには、Ctrl キーや Shift キーを押しながらシート見出しをクリックします。

ブックに、「Sheet1」「Sheet2」「Sheet3」という３枚のシートが存在したとします。アクティブシートが「Sheet1」の状態で、Ctrl キーを押しながら「Sheet3」のシート見出しをクリックすると、「Sheet1」と「Sheet3」が選択状態になります。その操作をマクロ記録すると、次のようなコードが記録されます。

```
Sub Macro5()
    Sheets(Array("Sheet1", "Sheet3")).Select
    Sheets("Sheet1").Activate
End Sub
```

１行目で「Sheet1」と「Sheet3」を選択しています。このように、選択(Select)では、複数のシートを選択状態にできます。２行目は「Sheet1」をアクティブシートにしています。

> **memo**
> Arrayは、配列を返す関数です。Array関数や配列については、スタンダードで学習します。

シートをコピーする／移動する

シートをコピーするときは**Copyメソッド**を実行します。シートを移動するときは**Moveメソッド**です。どちらにも「After」と「Before」という引数が用意されています。

```
コピー元のシート.Copy After, Before
移動元のシート.Move After, Before
```

引数「After」にシートを指定すると、指定したシートの"後ろ（右）"に、コピーまたは移動が行われます。引数「Before」にシートを指定すると、指定したシートの"手前（左）"にコピーまたは移動が行われます。たとえ同じ意味であっても、引数「After」と引数「Before」を両方を同時に指定することはできません。2つの引数を同時に指定するとエラーになります。

シート1.Copy After:=シート3　　→　シート1をシート3の右にコピーする
シート1.Copy Before:=シート3　→　シート1をシート3の左にコピーする
シート1.Move After:=シート3　　→　シート1をシート3の右に移動する
シート1.Move Before:=シート3　→　シート1をシート3の左に移動する

```
Sub Macro7()
    Sheets("Sheet1").Copy After:=Sheets("Sheet3")
End Sub
```

シートをコピーまたは移動すると、コピー先または移動先のシートが必ずアクティブシートになります。

● 左端や右端のシートを指定する

実務では、シートを右端や左端にコピーまたは移動することが多いです。ここでは、コピーを例にして、記述のしかたを解説します。

たとえば、Sheet2を左端へコピーするというのは、次のように考えられます。

```
Sheets("Sheet2").Copy Before:=現在の左端にあるシート
```

現在左端にあるシートは、シートの位置を表す数値が「1」です。

```
Sub Macro8()
    Sheets("Sheet2").Copy Before:=Sheets(1)
End Sub
```

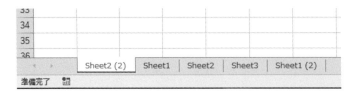

では、右端にコピーするときはどうしたらいいでしょう。もし、現在のシートが［Sheet1］［Sheet2］［Sheet3］と3枚存在していたとするなら、現在の右端シートは

```
Sheets(3)
```

で表されます。ここで指定した「3」は、現在のシートの個数です。シートの個数はSheets.Countで取得できます。したがってSheet2を右端にコピーするには、次のように考えます。

```
Sheets("Sheet2").Copy After:=右端のシート
         ↓
Sheets("Sheet2").Copy After:=Sheets(3)
         ↓                          この「3」はシートの個数(Sheets.Count)
Sheets("Sheet2").Copy After:=Sheets(Sheets.Count)
```

```
Sub Macro9()
    Sheets("Sheet2").Copy After:=Sheets(Sheets.Count)
End Sub
```

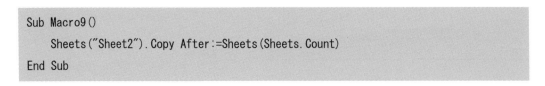

● **新規ブックへコピーまたは移動する**

シートをコピーするCopyメソッドと移動するMoveメソッドは、どの位置にコピーまたは移動するかを示す、引数「After」または引数「Before」を指定できます。しかし、どちらの引数も指定しないと、対象のシートを**新規ブック**へコピーまたは移動します。

```
Sub Macro10()
    Sheets("Sheet1").Copy
End Sub
```

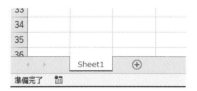

シートを新規ブックへコピーまたは移動すると、新しく作成された新規ブックがアクティブブックになります。

シートを挿入する

ブック内に新しいシートを挿入するときは、Sheetsコレクションに対して**Addメソッド**を実行します。

```
Sub Macro11()
    Sheets.Add
End Sub
```

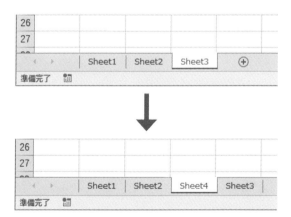

挿入されるシートの名前は、Excelが便宜的に「Sheet4」「Sheet5」などと設定します。

Addメソッドの書式は次の通りです。

```
Sheets.Add(Before, After, Count, Type)
```

引数「Before」または引数「After」を指定すると、所定の位置に挿入できます。指定方法は、Copyメソッドや Moveメソッドと同じです。引数「Before」と引数「After」のいずれも指定しないで Addメソッドを実行すると、新しいシートが、アクティブシートの左に挿入されます。

引数「Count」に数値を指定すると、指定した枚数のシートが挿入されます。引数「Type」を指定すると「ワークシート」だけでなく「グラフシート」「マクロシート」「ダイアログシート」を挿入できます。引数「Type」を省略すると「ワークシート」が挿入されます。

```
Sub Macro12()
    Sheets.Add After:=Sheets("Sheet3"), Count:=2
End Sub
```

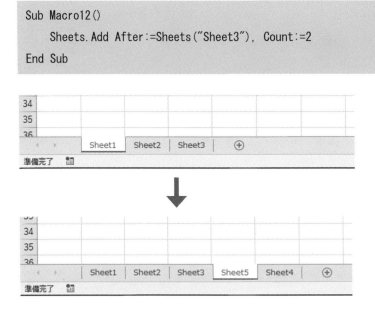

シートを削除する

シートを削除するときは、**Deleteメソッド**を使います。

```
Sub Macro13()
    Sheets("Sheet1").Delete
End Sub
```

シートを削除するときは、削除の前に確認のメッセージが表示されます。

マクロでシートを削除する場合、この確認メッセージでマクロが停止してしまいます。このメッセージを表示しないでワークシートを削除するには、Deleteメソッドを実行する前に、Excelの確認メッセージを抑止します。確認メッセージを抑止するには、Excelを表すApplicationオブジェクトの**DisplayAlertsプロパティ**にFalseを設定します。DisplayAlertsプロパティにFalseを設定すると、それ以降、Excelからの確認メッセージは何も表示されなくなります。

```
Sub Macro14()
    Application.DisplayAlerts = False
    Sheets("Sheet1").Delete
    Application.DisplayAlerts = True
End Sub
```

プロシージャが正常に終了すると、DisplayAlertsプロパティは自動的にTrueへと戻ります。しかし、何らかのトラブルによりFalseのままになると、Excelの手動操作においても、すべての確認メッセージが表示されなくなります。混乱のもとになりますので、明示的にプロシージャ内でTrueに戻しておくといいでしょう。

シートを表示する／非表示にする

シートを非表示にするには、シートの**Visibleプロパティ**に「False」を指定します。非表示のシートを表示するには、Visibleプロパティに「True」を指定します。

```
Sub Macro15()
    Sheets("Sheet1").Visible = False
End Sub
```

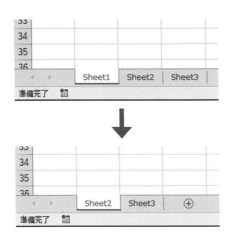

アクティブシートを非表示にすると、それまでアクティブシートだったシートの右隣にあるシートがアクティブシートになります。すべてのシートを非表示にすることはできません。

```
Sub Macro16()
    Dim i As Long
    For i = 1 To Sheets.Count
        Sheets(i).Visible = False
    Next i
End Sub
```

> **memo**
> VBAでは、非表示シートのセルも表示されているシートと同じように操作できますが、非表示シートは、印刷できないなどの制約もあります。

9-2 ブックの操作

ブックは **Workbook オブジェクト**で表されます。したがって、ブックを記述するときは、**Workbooks コレクション**を使って次のように書きます。

```
Workbooks("Book1.xlsx")
Workbooks(1)
```

Workbooks("C:\Data\Book1.xlsx")のようにパスは指定しません。VBAで扱えるのはExcelで開いたブックだけです。Excel内のことですから、パスは必要なくファイル名だけを指定します。パスを指定するのは、後述するように、ブックを開くときだけです。

現在開いているブックの中に、まだ名前を付けて保存されていないブックがあったとき、そのブックを指定する場合は、

```
Workbooks("Book1")
```

のように、ファイル名に拡張子を付けません。まだ保存していないのですから、拡張子は決まっていません。

Workbooks(1)のように、開いているブックを数値で指定することもできます。この数値はExcelがブックを開いた順に1、2、3…と振ります。

次の順番で開いたとします。

Book1.xlsx → Workbooks(1)
Book2.xlsx → Workbooks(2)
Book3.xlsx → Workbooks(3)

Book2.xlsxを閉じると、ブックを示す番号も繰り上がります。

Book1.xlsx → Workbooks(1)
Book3.xlsx → Workbooks(2)

再びBook2.xlsxを開くと、このブックは3番目に開かれたので「3」になります。

Book1.xlsx → Workbooks(1)
Book3.xlsx → Workbooks(2)
Book2.xlsx → Workbooks(3)

● ActiveWorkbook と ThisWorkbook

現在操作しているアクティブブックは、**ActiveWorkbook**で表されます。実行中のマクロが記述されているブックは、**ThisWorkbook**で表されます。

ThisWorkbookは、複数のブックを同時に開いて操作するようなマクロで重要になります。ブックを開くと、開いたブックが必ずアクティブブックになります。アクティブブックが変わっても、常に「このマクロが記述されているブック」を特定するには、ThisWorkbookを使います。

新規ブックを挿入する

Excelに新規ブックを挿入するには、Workbooksコレクションの**Add**メソッドを実行します。

```
Sub Macro17()
    Workbooks.Add
End Sub
```

新規ブックを挿入すると、挿入された新規ブックがアクティブブックになります。

ブックを開く

ブックを開くときは、Workbooksコレクションの**Open**メソッドを実行します。次のコードは、「C:¥Data¥Sample.xlsx」を開きます。

```
Sub Macro18()
    Workbooks.Open "C:¥Data¥Sample.xlsx"
End Sub
```

ブックを開くと、開いたブックがアクティブブックになります。

ブックを開くコードには、いろいろな記述があります。たとえば、次の4つは、すべて同じ「"C:¥Data¥Sample.xlsx"を開く」という動作です。

① Workbooks.Open FileName:="C:\Data\Sample.xlsx"
② Workbooks.Open "C:\Data\Sample.xlsx"
③ Workbooks.Open(Filename:="C:\Data\Sample.xlsx")
④ Workbooks.Open("C:\Data\Sample.xlsx")

①と②の違いは、引数名「Filename:=」の有無です。WorkbooksコレクションのOpenメソッドには、実に多くの引数が用意されています。

```
Workbooks.Open(FileName, UpdateLinks, ReadOnly, Format, Password, WriteResPassword,
               IgnoreReadOnlyRecommended, Origin, Delimiter, Editable, Notify,
               Converter, AddToMru, Local, CorruptLoad)
```

このうち必ず指定しなければならないのは、1番目のFileNameだけです。引数FileNameには開くファイルの名前を指定します。引数FileNameに指定するのですから、

① Workbooks.Open FileName:="C:\Data\Sample.xlsx"

と記述するのが普通です。しかし、引数FileNameは多くの引数の中で、先頭の引数です。このように、指定する引数の位置が一致しているときは「引数名:=」を省略できるというルールがVBAにあります。

② Workbooks.Open "C:\Data\Sample.xlsx"

は「引数名:=」を省略した書き方です。④に「FileName:=」がないのも同じ理由です。

③と④は引数を括弧で囲っています。Openメソッドは開いたブックを返します。そこで、開いたブックをオブジェクト変数に格納するときは、引数を括弧で囲みます。

Set wb = Workbooks.Open(Filename:="C:\Data\Sample.xlsx")
Set wb = Workbooks.Open("C:\Data\Sample.xlsx")

戻り値を使うときは引数を括弧で囲むというルールは、「第8章 関数」のMsgBox関数についての解説を参照してください。

> **memo**
> オブジェクト変数についてはスタンダードで学習します。

ブックを保存する

ブックの保存には「上書き保存」と「名前を付けて保存」があります。「上書き保存」は、すでに名前を付けて保存してあるブックを、その名前のままで編集した内容を保存する操作です。もちろん、まだ一度も保存したことがないブックを上書き保存することはできません。「名前を付けて保存」は、新規ブックを初めて保存するときに行う操作ですが、すでに名前を付けて保存されているブックを別の名前で保存するときにも使います。

ブックを上書き保存するには、**Save メソッド**を実行します。次のコードは、アクティブブックを上書き保存します。

```
Sub Macro19()
    ActiveWorkbook.Save
End Sub
```

ActiveWorkbookは、アクティブブックを表します。マクロを実行すると、現在のアクティブブックを上書き保存します。もし、アクティブブックが、まだ一度も保存されたことがない場合は、自動的に[名前を付けて保存]ダイアログボックスが表示されます。

ブックに名前を付けて保存するには、**SaveAs メソッド**を実行します。次のコードは、新しいブックを挿入し、そのブックに「C:¥Data¥Sample.xlsx」という名前を付けて保存します。

```
Sub Macro20()
    Workbooks.Add
    ActiveWorkbook.SaveAs FileName:="C:¥Data¥Sample.xlsx"
End Sub
```

上記のコードに間違いはありませんので、実行すると新しいブックが「C:¥Data¥Sample.xlsx」という名前で保存されます。ただし、何事もなく保存されるのは最初の一回だけです。マクロを二度目に実行したときには、すでに「C:¥Data¥Sample.xlsx」が存在しているので、Excelは「置き換えますか？」という意味の確認メッセージを表示します。

ここで、[はい]ボタンをクリックすると、既存のブックが新しいブックに置き換えられます。問題は[いいえ]ボタンや[キャンセル]ボタンがクリックされたときです。いずれの場合も「ブ

ックを保存する」というSaveAsメソッドの操作が中断されることになります。SaveAsメソッドは自分の役目を果たせなかったので、ここでエラーが発生します。

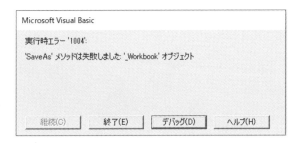

どのボタンがクリックされるかは誰にも予想できませんので、このエラーを防ぐことはできません。しかし、エラーが発生しても、そのエラーを無視することはできます。それには「On Error Resume Next」という命令を使います。

```
Sub Macro21()
    Workbooks.Add
    On Error Resume Next
    ActiveWorkbook.SaveAs FileName:="C:\Data\Sample.xlsx"
End Sub
```

> **memo**
> On Error Resume Nextに関してはスタンダードで学習します。

ブックのデータに何らかの編集が行われ、その編集内容が保存されているかどうかを調べるには、Workbookオブジェクトの**Savedプロパティ**を使います。Savedプロパティは、編集内容が保存されているときはTrueを返し、まだ保存していないときはFalseを返します。

```
Sub Macro22()
    ActiveWorkbook.Save              'アクティブブックを上書き保存します
    MsgBox ActiveWorkbook.Saved      'True
    Range("A1") = 100                'アクティブセルに数値を代入します
    MsgBox ActiveWorkbook.Saved      'False
End Sub
```

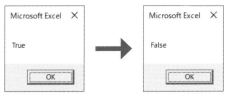

ブックを閉じる

ブックを閉じるには**Close メソッド**を実行します。次のコードは、アクティブブックを閉じます。

```
Sub Macro23()
    ActiveWorkbook.Close
End Sub
```

閉じようとしたブックに対して行った編集がすでに保存されている場合は、Close メソッドはただブックを閉じるだけです。しかし、閉じようとしたブックに対して行った編集がまだ保存されていないとき、Close メソッドを実行すると次のような確認メッセージが表示されます。

手動でExcelを操作するときと同じように、[はい]ボタンをクリックすれば変更した内容を保存し、[いいえ]ボタンをクリックすれば変更を保存せずに閉じられます。こうした確認メッセージを表示させたくないときは、次のように対処します。

● 変更を保存したいとき

変更を保存して閉じるのでしたら、Close メソッドを実行する前に、そのブックを上書き保存します。

```
Sub Macro24()
    ActiveWorkbook.Save
    ActiveWorkbook.Close
End Sub
```

または、Close メソッドの引数を指定することも可能です。Closeには引数「SaveChanges」があり、この引数にTrueを指定すると、自動的に変更を上書き保存してからブックを閉じます。

```
Sub Macro25()
    ActiveWorkbook.Close SaveChanges:=True
End Sub
```

上述したように、引数を正しい位置に指定するときは「引数名:=」を省略できます。Closeメソッドの引数「SaveChanges」は、Closeメソッドの引数の中で1つめ（先頭）なので、上記のコードは、

```
ActiveWorkbook.Close True
```

と記述することができます。

● 変更を保存したくないとき

変更を保存しないでブックを閉じるには、Closeメソッドの引数「SaveChanges」に「False」を指定します。

```
Sub Macro26()
    ActiveWorkbook.Close SaveChanges:=False
End Sub
```

10

マクロの実行

マクロを実行するには、さまざまな方法があります。どの方法も一長一短です。マクロの運用方法を考えてマクロを効率よく実行する方法を検討しましょう。ここでは、マクロを実行する4つの方法を学習します。

10-1 VBEから実行する

10-2 Excelから実行する

10-3 クイックアクセスツールバー（QAT）から実行する

10-4 ボタンや図形から実行する

10-1 VBEから実行する

マクロを実行するには、いくつかの方法があります。ここでは、まずVBEから実行する方法を説明します。VBEからマクロを実行するときは、カーソルを実行したいプロシージャの内部（「Subマクロ名()」から「End Sub」の間）に置きます。

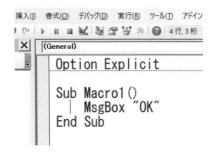

次のいずれかの方法で、カーソルのあるプロシージャを実行できます。

①ツールバーの［Sub/ユーザーフォームの実行］ボタンをクリックする

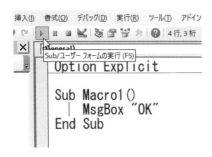

②メニューの［実行］-［Sub/ユーザーフォームの実行］をクリックする

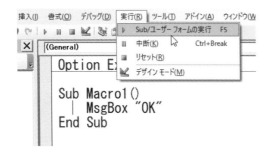

③ F5 キーを押す

マクロを実行するとき、カーソルがプロシージャの外部（「Sub マクロ名()」から「End Sub」の外）にあると、どのマクロを実行するかを選択できる［マクロ］ダイアログボックスが開きます。

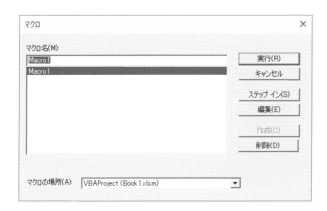

［マクロ名］リストには、［マクロの場所］で選択されているブックに記述されているプロシージャ名が表示されます。

> **memo**
> 引数を受け取るプロシージャなどは［マクロ名］リストに表示されません。

［マクロ名］リストでマクロの名前を選択し、［実行］ボタンをクリックすると、選択したマクロが実行されます。［編集］ボタンをクリックすると、選択したマクロにカーソルが移動します。［削除］ボタンをクリックすると、選択したマクロがモジュールから削除されます。
［マクロ名］テキストボックスに存在しないマクロ名を入力して［作成］ボタンをクリックすると、入力したマクロ名のプロシージャが作成されます。

> **memo**
> ［削除］ボタンをクリックすると「削除しますか？」などの確認は表示されず、いきなりプロシージャが削除されます。この削除は［元に戻す］コマンドで削除前の状態に戻すことができます。

10-2 Excelから実行する

Excelのシート画面からもマクロを実行できます。Excelからマクロを実行するときは、［表示］タブ右端にある［マクロ］ボタンをクリックするか、[Alt]＋[F8]キーを押します。

［マクロ］ボタンは、上部（絵が表示されているところ）と、下部（"マクロ"と字が表示されているところ）に分かれています。上部をクリックすると、すでに作成してあるマクロを実行するための［マクロ］ダイアログボックスが表示されます。下部をクリックするとメニューが表示されるので、［マクロの表示］をクリックします。

［マクロ］ボタンの上部をクリックすると、［マクロ］ダイアログボックスが表示されます。

［マクロ名］リストでマクロの名前を選択し、［実行］ボタンをクリックすると、選択したマクロが実行されます。［編集］ボタンをクリックすると、選択したマクロにカーソルが移動します。［削除］ボタンをクリックすると、選択したマクロがモジュールから削除されます。

［オプション］ボタンをクリックすると、選択したマクロにショートカットキーを割り当てたり、マクロの説明（コメント）を設定したりできます。マクロの説明（コメント）は、VBEの画面には表示されません。［マクロ］ダイアログボックスでマクロを選択したとき、ダイアログボックスの下部に表示されます。

10-3 クイックアクセスツールバー (QAT) から実行する

Excel画面の上部に、小さいアイコンが並んでいる場所があります。ここを**クイックアクセスツールバー（QAT）**と呼びます。

ブックに作成したマクロは、QATに登録して、QATのボタンをクリックすることで実行することも可能です。QATにマクロを登録するには、次のようにします。

❶QATの右端にある［クイックアクセスツールバーのユーザー設定］ボタンをクリックします

❷表示されるメニューから［その他のコマンド］を実行します

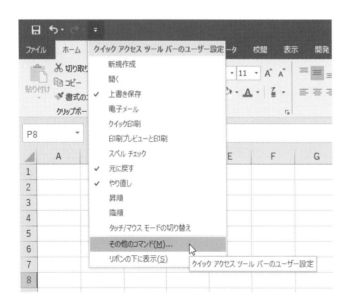

❸実行すると［Excelのオプション］ダイアログボックスが表示され、QATの設定画面が表示されます

❹［コマンドの選択］リストで［マクロ］を選択すると、現在開いているブックに書かれているマクロの名前（プロシージャ名）が下のリストに表示されます

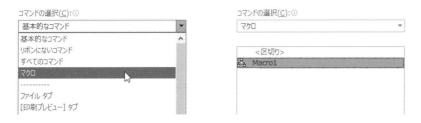

❺QATに登録したいマクロを選択して［追加］ボタンをクリックします。実行すると、選択したマクロが右側のリストに登録されます。右側のリストが、QATに表示されるアイコンです

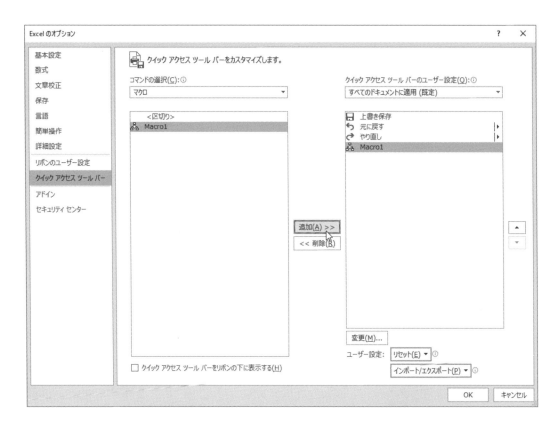

❻ [OK] ボタンをクリックすると [Excelのオプション] 画面が閉じ、QATにマクロのボタンが追加されます。登録したマクロのボタンにマウスポインタを合わせると、登録したマクロの名前（プロシージャ名）が表示されます

❼ ボタンをクリックすると、登録したマクロが実行されます

 QATにマクロを登録するとき、QATに表示するアイコンの種類を変更することはできません。

QATにマクロを登録すると、登録したマクロのボタンが常に表示されます。そのマクロが記述されているブックをExcelで開いていない場合、ボタンをクリックすると、マクロが記述されているブックが読み込まれてマクロを実行します。

QATに、常にマクロのボタンを表示するのではなく、マクロが記述されているブックを開いているときだけQATにボタンを表示することもできます。

先の操作では、マクロを登録するとき、右側の［クイックアクセスツールバーのユーザー設定］リストで［すべてのドキュメントに適用（既定）］が選択されていました。

特定のブックを開いたときだけQATのボタンを表示するには、この［クイックアクセスツールバーのユーザー設定］リストで、マクロが記述されているブックを選択します。

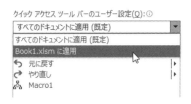

10-4 ボタンや図形から実行する

ワークシート上に、ボタンやオートシェイプなどの図形を配置し、それらをクリックすることでマクロを実行することができます。ボタンにマクロを登録するには、次のようにします。

❶［開発］タブの［挿入］ボタンをクリックします

> 💡 **memo**
> ［開発］タブを表示する方法は、第1章「VBEの起動と終了」を参照してください。

❷［フォームコントロール］の［ボタン］をクリックします

❸マウスポインタが十字に変わります。その状態で、ワークシート上の、ボタンを配置したい位置でマウスをドラッグします

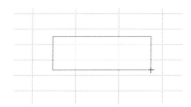

❹実行すると、ドラッグした位置にボタンが挿入されます。ボタンが挿入されると、まず［マクロの登録］ダイアログボックスが表示されます

❺ボタンに登録したいマクロを選択して［OK］ボタンをクリックします

すでに作成してあるマクロをボタンに登録するだけでなく、ボタンに登録するマクロを新しく作成することもできます。新しいマクロを作成して、そのマクロをボタンに登録するには［新規作成］ボタンをクリックします。このとき、［マクロ名］ボックスに表示されている名前のマクロ（プロシージャ）が新しい標準モジュールに作成されます。マクロ名（プロシージャ名）は、自由に変更できます。

［OK］ボタンをクリックすると［マクロの登録］ダイアログボックスが閉じます。閉じた直後は、配置したボタンが選択された状態になっているので、任意のセルをクリックして、ボタンの選択を解除します。ボタンをクリックすると、ボタンに登録したマクロが実行されます。

> **memo**
> 一度配置したボタンをクリックすると、ただちに登録したマクロが実行されます。ボタンの位置や大きさを変更するときは、ボタンを右クリックして選択状態にします。配置したボタンを削除するときも、右クリックしてボタンを選択し、表示されるメニューから［切り取り］を実行するか、Delete キーを押します。

ワークシートに配置したオートシェイプや画像などにマクロを登録するには、配置したオートシェイプや画像を右クリックして［マクロの登録］を実行します。

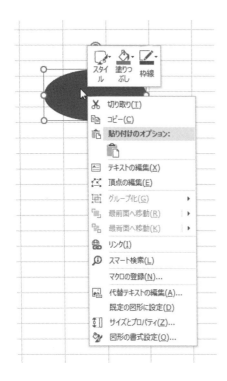

実行すると［マクロの登録］ダイアログボックスが表示されるので、ボタンにマクロを登録するのと同じ手順で登録します。

終章

マクロを作るときの考え方

思うようにマクロを作成できない理由のひとつは、マクロをひとつのモノとして認識しているところにあります。マクロには必ず、動作を構成する要素があります。それらの要素を個別に考え、個別に作ります。その結果として望むマクロが完成します。

1　マクロで行う2種類の操作
2　マクロを構成する3つの要素
3　マクロを作るのではなく3要素を作る

1 マクロで行う2種類の操作

Excelのセルに対してマクロで行う操作は、大きく2つに分類できます。ひとつは、セルをひとつずつ処理する操作で、もうひとつは、複数のセル（セル範囲）に対して、何かの処理を行う操作マクロです。

● **セルをひとつずつ処理する操作の例**

次のコードは、セル範囲A2:A13をチェックして、もしセルの値が"広瀬"だったら、C列のセルを2倍してD列に代入します。

```
Sub Macro1()
    Dim i As Long
    For i = 2 To 13
        If Cells(i, 1) = "広瀬" Then
            Cells(i, 4) = Cells(i, 3) * 2
        End If
    Next i
End Sub
```

	A	B	C	D
1	名前	記号	数値	結果
2	橋本	A	88	
3	桜井	B	86	
4	広瀬	C	99	198
5	西野	A	82	
6	広瀬	B	96	192
7	松本	C	70	
8	広瀬	A	83	166
9	西野	B	90	
10	桜井	C	92	
11	広瀬	A	70	140
12	有村	B	83	
13	吉岡	C	84	
14				

● セル範囲を処理する操作の例

次のコードは、セルA1を含む表にオートフィルターを設定し、A列が"広瀬"のデータをSheet2のセルA1へコピーします。

```
Sub Macro2()
    Range("A1").AutoFilter 1, "広瀬"
    Range("A1").CurrentRegion.Copy Sheets("Sheet2").Range("A1")
    Range("A1").AutoFilter
End Sub
```

	A	B	C	D
1	名前	記号	数値	結果
4	広瀬	C	99	198
6	広瀬	B	96	192
8	広瀬	A	83	166
11	広瀬	A	70	140

	A	B	C	D
1	名前	記号	数値	結果
2	広瀬	C	99	198
3	広瀬	B	96	192
4	広瀬	A	83	166
5	広瀬	A	70	140

実務では、ひとつのマクロの中で、両者を混在して行うこともあります。このうち「セル範囲を処理する操作」は、セル範囲に対して"Excelの機能"を適用することが多いです。たとえば、オートフィルターで絞り込んだり、並べ替えたり、そのセル範囲からグラフを作るなどの操作です。この場合、どうすればオートフィルターを設定できるかや、どうすれば並べ替えられるかなどは、一般的に"マクロ記録"をすれば分かります。ポイントになるのは、データ量が不定な中で、対象のセル範囲をいかに特定するかです。対象のセル範囲さえ特定できれば、やることは比較的簡単です。

難しいのは「セルをひとつずつ処理する操作」です。こちらは、どんなセルに対して何をするかという"仕組み"を作り上げます。いわば、オーダーメイドです。そこでは、複数のステートメントや関数を組み合わせ、実現したい操作を構成しなければなりません。Excelの特性を理解して、望む結果が得られるように動作を組み立てなければなりません。マクロ記録で大筋が作れる「セル範囲を処理する操作」にくらべ、はるかに難易度が高いです。

2 マクロを構成する 3つの要素

作るのが難しい「セルをひとつずつ処理する操作」は、それを**ひとつのマクロ**と捉えてはいけません。マクロは必ず、次の3要素で構成されています。

・範囲
・条件
・処理

これらは、VBAに限らない「プログラミングの3要素」です。次のマクロで考えてみましょう。次のコードは、セル範囲A2:A13をチェックして、もしセルの値が"広瀬"だったら、C列の数値を2倍してD列に代入します。

```
Sub Macro1()
    Dim i As Long
    For i = 2 To 13
        If Cells(i, 1) = "広瀬" Then
            Cells(i, 4) = Cells(i, 3) * 2
        End If
    Next i
End Sub
```

このマクロで扱うセルは、次の通りです。

　セル範囲A2:A13 → 判定する名前が入力されている
　セル範囲C2:C13 → 計算する数値が入力されている
　セル範囲D2:D13 → 計算結果を代入する

いずれの列でも、扱う範囲は「2行目から13行目」です。これが**範囲**です。範囲内のセルを操作するとき、一般的にはCellsを使います。Cellsは行と列の位置を数値で指定できるからです。この数値を順に増やしたり減らしたりすることで、セル範囲内のセルを、ひとつずつ操作できます。変化する数値を作るには、一般的にFor...Nextステートメントを用います。

> **memo**
> For Each…Nextステートメントを使うと、増減する数値やCellsを使わないで、セル範囲内のセルをひとつずつ操作することも可能です。For Each…Nextステートメントに関しては、「Excel VBA スタンダード」で学習します。

条件は「A列のセルが"広瀬"と等しい」です。ここでは、Ifステートメントで判定しています。実務では、この**条件**を記述するのが難しいです。実務で求められる業務は複雑だからです。その複雑な条件を、VBAで正しく表現しなければなりません。もちろん、上記のように単純なIfステートメントで済むとは限りません。AndやOrを使って複数の条件を組み合わせたり、Select Caseステートメントを使うこともあります。

> **memo**
> Select Caseステートメントに関しては、「Excel VBA スタンダード」で学習します。

範囲内で、条件を満たすセルに対して行う**処理**が「C列の数値を2倍してD列に代入する」です。どんなマクロでも、このように3要素で構成されています。

3 マクロを作るのではなく 3要素を作る

「セルをひとつずつ処理する」マクロを作るとき、マクロというひとつの"モノ"を作ろうとしても、思うようにはいきません。ビギナーが望むマクロを作成できないのは、これが原因のひとつです。マクロというひとつの"モノ"を作るのではなく、「範囲」を決めて、「条件」を作り、「処理」を書くことで、結果的にマクロが作られるのです。重要なことは、3要素を**ひとつずつ作る**ということです。

```
Sub Macro1()
    Dim i As Long
    For i = 2 To 13
        If Cells(i, 1) = "広瀬" Then
            Cells(i, 4) = Cells(i, 3) * 2
        End If
    Next i
End Sub
```

このマクロを作る場合、まず「範囲」がどこかを考えます。ここでは「2行目から13行目」です。したがって、変数iを2から13まで変化させる仕組みだけを考えて作ります。

```
Sub Macro1()
    Dim i As Long
    For i = 2 To 13

    Next i
End Sub
```

まず、これを書きます。実際には、最終行の13という数値が分からないこともあるでしょう。そんなときは、最終行を調べるにはどうしたらいいかを考えます。このように「範囲」を作るとき、その後の「条件」や「処理」のことは考えません。変数iを2から13まで変化させる仕組みを作る、ということだけを考えます。

「範囲」を特定できたら、次は「条件」だけを作ります。「もし、A列のセルが"広瀬"と等し

かったら」という条件は、どう書けば実現できるか考えます。今回はシンプルな条件ですから、Ifステートメントを使います。もし、複雑な条件でしたら、AndやOrなどと組み合わせたり、Select Caseステートメントを使ったり、Ifステートメントの中に、またIfステートメントを入れ子にしたりします。

```
Sub Macro1()
    Dim i As Long
    For i = 2 To 13
        If Cells(i, 1) = "広瀬" Then
        
        End If
    Next i
End Sub
```

最後に「処理」を考えて組み合わせます。

```
Sub Macro1()
    Dim i As Long
    For i = 2 To 13
        If Cells(i, 1) = "広瀬" Then
            Cells(i, 4) = Cells(i, 3) * 2
        End If
    Next i
End Sub
```

このとき、上記のように**適切にインデント**しなければなりません。インデントは、一般的に「マクロのコードを読みやすくするため」に行います。この"読みやすく"という意味は、どこが「範囲」で、「条件」は何で、どんな「処理」をしているかが一目でわかる、ということです。次のように、適切なインデントがされていないコードでは、「範囲」「条件」「処理」が区別しにくくなります。

```
Sub Macro1()
    Dim i As Long
    For i = 2 To 13
    If Cells(i, 1) = "広瀬" Then
    Cells(i, 4) = Cells(i, 3) * 2
    End If
    Next i
```

次ページへ続く

```
End Sub
```

実務で活用するマクロは、もっと複雑です。「範囲」が複数になったり「条件」が複雑になることもあるでしょう。行う「処理」もひとつとは限りません。いずれにしても、マクロは3要素で構成されていることを忘れないでください。

Excel VBA Basic
Index

記号

*	52
*.xlsm	5
*.xlsx	5
^	52
-	52
:=	42
/	52
&	53, 63
+	52, 53
<	53
<=	53
<>	53
=	41, 53, 54, 61, 115
>	53
>=	53
¥	52
_（アンダーバー）	37
'（シングルクォーテーション）	34

A

Abs 関数	140
Activate メソッド	94, 155
ActiveCell	92
ActiveSheet	153
ActiveWorkbook	164
Add メソッド	159
After	157, 160
［Alt］+［F8］キー	174
［Alt］+［F11］キー	4
And	54, 116
As	59
AutoFit メソッド	103

B

Before	157, 160
Boolean	56
Byte	56

C

Call ステートメント	31
Cells	48, 78
ClearContents メソッド	98
ClearFormats メソッド	98
Clear メソッド	98
Close メソッド	168
［Ctrl］+［↓］キー	90
［Ctrl］+矢印キー	89
［Ctrl］+［Shift］+［*］キー	91
Column オブジェクト	103
COLUMN 関数	79
Columns コレクション	103
Const ステートメント	74
Copy メソッド	95, 157
Count プロパティ	154
Currency	56
CurrentRegion プロパティ	91

D

Date	56
DateSerial 関数	126
Day 関数	125
Delete メソッド	99, 103, 160
Destination	95
Dim ステートメント	59
DisplayAlerts プロパティ	161
Double	56

E

End	72
End With	120
End プロパティ	89
End モード	89, 101, 111
EntireColumn プロパティ	104
EntireRow プロパティ	102
Eqv	54
［Excelのオプション］ダイアログボックス	177
Excel ブック (*.xlsx)	5
Excel マクロ有効ブック (*.xlsm)	5
Exit Sub	72

F

［F5］キー	29, 173
FileName	165
fmSpecialEffectflat	74
Format 関数	136
Formula プロパティ	86
For...Next ステートメント	106
Function プロシージャ	28

H

Hour 関数	125

I

If ステートメント	114
Imp	54
InputBox 関数	148
Insert メソッド	103
InStr 関数	133
Integer	56
Int 関数	139
Is	53
IsDate 関数	142
IsNumeric 関数	141

L

LCase 関数	131
Left 関数	129
Len 関数	128
Like	53
Long	56
LTrim 関数	132

M

［Microsoft Office Excelのセキュリティに関する通知］ダイアログボックス	9
Mid 関数	50, 129
Minute 関数	125
Mod	52
Module の解放	25
Month 関数	125
Move メソッド	157, 158
MsgBox 関数	144

N

Next	106
Not	54
Now 関数	50, 124

O

Object	57
Offset プロパティ	87
On Error Resume Next	167
Option Explicit	58, 64
Or	54, 116

P

PERSONAL.XLSB	19
Property プロシージャ	28
Public Const ステートメント	75
Public ステートメント	69

Q

QAT 176

R

Range 47, 78
Replace 関数 133
Resize プロパティ 88
Right 関数 129
Round 関数 139
Row オブジェクト 102
Row プロパティ 111
Rows コレクション 90, 102
RTrim 関数 132

S

Save メソッド 166
SaveAs メソッド 166
SaveChanges 168
Saved プロパティ 167
Second 関数 125
Selection 92
Select メソッド 94, 155
Sheets コレクション 152
　Add メソッド 159
　Delete メソッド 160
Shift 99
［Shift］＋［F2］キー 34
Single 56
Step 110
StrConv 関数 135
String 57
Sub ステートメント 49
Sub プロシージャ 28
［Sub/ユーザーフォームの実行］ボタン ... 29, 172

T

Text プロパティ 85
ThisWorkbook 164

Trim 関数 132

U

UCase 関数 50, 131

V

Value プロパティ 80
　省略 83
Variant 57
VBA（Visual Basic for Applications）... 2
vbCr 147
vbCrLf 74, 147
VBE（Visual Basic Editor）................. 3
　起動する 4
　終了する 4
vbLf 147
Visible プロパティ 161

W

With ステートメント 120
Workbook オブジェクト 163
Workbooks コレクション 163
　Add メソッド 164
　Open メソッド 164
Worksheets コレクション 153

X

xlDown 89
xlShiftToLeft 99
xlShiftUp 99
「XLSTART」フォルダ 19
xlToLeft 73, 89, 99
xlToRight 89
xlUp 89, 99
Xor 54

Y

Year 関数 125

Excel VBA Basic
Index

あ

アクティブシート 92, 153
アクティブセル 92
アクティブセルを移動 94
アクティブセル領域 91
アクティブブック 92, 164
値（あたい） 61
余り 52

い

一時停止 30
入れ子 112
インデント 191
インプットボックス 148

う

[ウィンドウの再表示] ダイアログボックス
.... 19
上書き保存 166, 168

え

[エディターの設定] タブ 35
エラーを無視する 167
演算子 52

お

大文字 131
オブジェクト 43
　階層構造 43
　比較する 53
オブジェクト型 57
オブジェクト式 40
[オプション] ダイアログボックス 35, 58

か

改行コード 147
階層構造 43
階層構造の特例 44

か（続き）

カウンタ変数 106, 110, 112
[隠しファイル] チェックボックス 19
格納する 61
型 56
　省略する 59
型指定文字 56
関数 50, 124

き

行 90
行継続文字 37
行全体 102
行の総数 90
行番号 48, 111
行を指定する 102
局所変数 68
[記録終了] ボタン 15

く

クイックアクセスツールバー（QAT） 176
組み込み定数 73
繰り返し処理 106

け

計算式 86
現在の日時 124

こ

コードウィンドウ 3
コードの表示色 35
個人用マクロブック 19
コピーする 95, 157
コメント 34
　色を変更する 35
[コメントブロック] ボタン 36
小文字 131
コレクション 45, 78
コンテンツの有効化 8
コンパイルエラー 30

196

さ

差	52
算術演算子	52

し

シート
移動する	157
個数	154
コピーする	157
削除する	160
指定する	152
挿入する	159
非表示にする	161
開く	155
時刻	124
四捨五入	139
実行時エラー	30
自動型キャスト	57, 141
自動型変換	57, 141
自動調整	103
商	52
条件	189, 191
条件分岐	114
ショートカットキー	17
初期値	70
書式	136
書式記号	136
処理	189, 191
シリアル値	126, 138
新規ブック	164
信頼済みドキュメント	8

す

数式	86
スコープ	68
ステートメント	49, 51
スペースを取り除く	132

せ

整数型	56
整数部	139
積	52
セキュリティセンター	6
セキュリティの警告	8
セキュリティレベル	6
絶対値	140

セル
値や数式をクリア	98
表し方	47
コピーする	95
削除	99
選択	94
セル範囲の指定	100
宣言セクション	68
選択されているオブジェクト	93
選択されているセル	92

そ

相対位置	87

た

代入演算子	41, 52, 54, 61
代入する	54, 61
単精度浮動小数点数型	56

ち

置換する	133
長整数型	56

つ

通貨型	56
月	125

て

定数	73
適用範囲	68

な

名前を付けて保存	166

に

入力ダイアログボックス	148

ね

ネスト	112
年	125
年号	139

は

倍精度浮動小数点数型	56
排他的論理和	54
バイト型	56
パターンマッチング	53
パブリック定数	75
パブリック変数	69
バリアント型	57, 59
範囲	188, 190

ひ

日	125
比較演算子	52, 53
引数（ひきすう）	42, 50, 124
[非コメントブロック]ボタン	36
日付	124, 142
日付型	56
日付データ	126
表示形式	136
標準モジュール	16, 22
インポート	26
エクスポート	26
コピーする	27
削除する	25

挿入する	24
名前を変更する	24

ふ

[ファイルのインポート]ダイアログボックス	27
[ファイルのエクスポート]ダイアログボックス	26
ブール型	56
複数の変数を宣言する	60
複数セル（セル範囲）の指定	100
ブック	
閉じる	168
開く	164
保存する	166
プロシージャ	28
実行する	29
呼びだす	31
プロジェクトエクスプローラ	3
プロパティ	43
プロパティウィンドウ	3

へ

べき乗	52
[編集]ツールバー	36
変数	56, 59
初期値	70
宣言する	59, 60
代入する	61
適用範囲	68
有効期間	70
変数の宣言	56
変数の宣言を強制する	64
[変数の宣言を強制する]チェックボックス	58
変数名	66

ほ

方向を表わす定数	89

ま

マクロ	2

デジタル署名 ... 7
デバッグ ... 30
デバッグモード ... 30

一時停止 30
　実行する 172
　ショートカットキー 175
　無効にする 7
　有効にする 7
マクロ記録 2, 12
[マクロ] ダイアログボックス 173, 175
[マクロの記録] ダイアログボックス 14, 17
　説明 18
[マクロの記録終了] ボタン 15
[マクロの登録] ダイアログボックス 183
[マクロ] ボタン 13, 174
マクロの最小実行単位 28
マクロの設定 7
マクロの保存先 14, 18
マクロ名 17
マクロを表示する 16

め

命名規則 17, 66
命令のオプション 42
メソッド 43
メッセージボックス 144

も

文字種を変換する 135
文字数 (長さ) 128
モジュール 22
　インポートする 27
　エクスポートする 26
　開放する 25
　挿入する 22
　削除する 22
モジュールレベル変数 69
文字列型 57
文字列連結演算子 52, 53
文字列
　結合する 53, 63
　除去する 133
　抜き出す 134
　含まれていることを調べる 134
戻り値 145

ゆ

有効化 8
有効期間 70
優先順位 52

よ

曜日 136
読み取り専用プロパティ 85

り

[リセット] ボタン 30

る

ループ 106

れ

列全体 104
列番号 (列文字) 48
列を指定する 103

ろ

ローカル変数 68
論理演算子 52, 54
論理積 54
論理等価 54
論理否定 54
論理包含 54
論理和 54

わ

和 52
ワークシート 153
和暦 137

● 著者プロフィール

田中 亨（たなか とおる）
Microsoftが豊富な知識と経験を持つ方を表彰するMVP（Most Valuable Professional）プログラムのExcel MVPを受賞。
ExcelやExcel VBAに関する雑誌や書籍を多数執筆。わかりやすく実践的なセミナーをモットーにExcel VBAセミナーの講師としても活躍中。
一般社団法人実践ワークシート協会代表理事。

VBAエキスパート 公式テキスト
Excel VBAベーシック

2019年5月30日　初版 第1刷発行
2022年6月17日　初版 第6刷発行

著者	田中 亨
発行	株式会社オデッセイ コミュニケーションズ
	〒100-0005　東京都千代田区丸の内3-3-1　新東京ビルB1
	E-Mail：publish@odyssey-com.co.jp
印刷・製本	中央精版印刷株式会社
カバーデザイン	柿木原 政広　渡部 沙織　10inc
本文デザイン・DTP	BUCH+

・本書は著作権法上の保護を受けています。本書の一部または全部について（ソフトウェアおよびプログラムを含む）、株式会社オデッセイコミュニケーションズから文書による許諾を得ずに、いかなる方法においても無断で複写、複製することは禁じられています。無断複製、転載は損害賠償、著作権上の罰則対象となることがあります。

・本書の内容に関するご質問は、上記の宛先まで書面、もしくはE-Mailにてお送りください。お電話によるご質問、および本書に記載されている内容以外のご質問には、一切お答えできません。あらかじめご了承ください。

・落丁・乱丁はお取り替えいたします。上記の宛先まで書面、もしくはE-Mailにてお問い合わせください。

© 2019 Odyssey Communications, Inc.　　ISBN978-4-908327-11-7 C3055